U0339102

THE MAYAN
AND OTHER
ANCIENT CALENDARS

玛雅历法及其他古代历法

[英] 杰弗·斯垂伊 ——— 著　贺俊杰　铁红玲 ——— 译　　CTS K 湖南科学技术出版社·长沙

THE
BEAUTY
OF
SCIENCE
科学之美

图书在版编目（ＣＩＰ）数据

玛雅历法及其他古代历法 ／ （英）杰弗·斯垂伊著 ;贺俊杰,
铁红玲译. — 长沙 : 湖南科学技术出版社,2024.5（科学之美）
ISBN 978-7-5710-2835-0

Ⅰ. ①玛… Ⅱ. ①杰… ②贺… ③铁… Ⅲ. ①玛雅文化－
古历法－普及读物 Ⅳ. ①P194.3-49

中国国家版本馆 CIP 数据核字(2024)第 075869 号

湖南科学技术出版社获得本书中文简体版中国独家出版发行权。
著作权登记号：18-2006-087
版权所有，侵权必究
MAYA LIFA JI QITA GUDAI LIFA

玛雅历法及其他古代历法

著　　者：〔英〕杰弗·斯垂伊
译　　者：贺俊杰　铁红玲
出 版 人：潘晓山
责任编辑：刘 英 李 媛
版式设计：王语瑶
出版发行：湖南科学技术出版社
社　　址：长沙市芙蓉中路一段 416 号泊富国际金融中心
网　　址：http://www.hnstp.com
湖南科学技术出版社天猫旗舰店网址：
　　　　　http://hnkjcbs.tmall.com
邮购联系：0731-84375808
印　　刷：湖南省众鑫印务有限公司
　　　　　（印装质量问题请直接与本厂联系）
厂　　址：长沙县榔梨街道梨江大道 20 号
邮　　编：410100
版　　次：2024 年 5 月第 1 版
印　　次：2024 年 5 月第 1 次印刷
开　　本：889mm×1290mm　1/32
印　　张：2.25
字　　数：120 千字
书　　号：ISBN 978-7-5710-2835-0
定　　价：45.00 元
　　（版权所有·翻印必究）

THE MAYAN
AND OTHER ANCIENT
CALENDARS

Geoff Stray

Walker & Company
New York

This UK edition © Wooden Books Ltd 2017 AD

Published and designed by Wooden Books Ltd.
Red Brick Building, Glastonbury, Somerset

British Library Cataloguing in Publication Data
Stray, G.
The Mayan and other Ancient Calendars

A CIP catalogue record for this book is
available from the British Library

ISBN 978 1904263 60 9

Printed and bound in China
by R R Donnelley Asia Printing Solutions Ltd
100% FSC Certified sustainable papers.

深深地感谢我挚爱的母亲：艾琳

感谢以下几位为本书提供插图：威尔·斯普林（Will Spring）：第 004、第 015、第 030 页；斯文·格隆美尔（Sven Gronemeyer）：第 049 页；编辑约翰·马迪诺（John Martineau）：第 037、第 039 页；马特·特维德（Matt Tweed）：第 011 页。

同时还要感谢克莱尔·约翰逊（Clare Johnson）、约翰·梅哲·詹金斯（John Major Jenkins）、约翰·胡普斯（John Hoopes）、迈克·芬利（Mike Fin-ley）等给予的帮助和建议。书中的错误均由本人负责。

书中的图片和象形文字参考了以下书籍：A.P. 莫德丝蕾（A.P.Maudslay）于 1889~1902 年在伦敦出版的 *Biologia Centrali-Americana*；A. 洪堡德（A. Humboldt）于 1810 年在巴黎出版的 *Vues des Cordilleres et Monuments des Pueples Indigenes de l'Amerique*；F. 瓦尔德克（F.Waldeck）于 1838 年在巴黎出版的 *Voyage Pittoresque et Archeologique*；R. 阿尔马兹（R.Almamz）于 1866 年出版于巴黎的《特奥蒂瓦坎》（*Report on Teotihuacan*）；H. 温克斯（H.Winkles）于 1851 年出版于纽约的《科学、文学及艺术百科全书》（*Iconographic Encyclopaedia of Science,Literature, and Art*）。

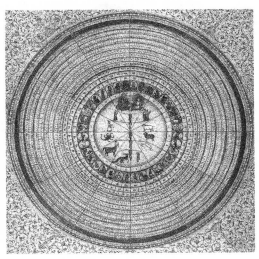

19 世纪的印第安黄道带图，展示了黄道十二宫、36 分度的行星诸神，以及更细的划分。本图取自大英博物馆的一个副本。

	公元前 3114	公元前 2720	公元前 2325	公元前 1931	公元前 1537	公元前 1143	公元前 748	公元前 354	41	435	830	1224	1618
	0.0.0.0.0		2.0.0.0.0		4.0.0.0.0		6.0.0.0.0		8.0.0.0.0		10.0.0.0.0		12.0.0.0.0
Aug 11th		1.0.0.0.0		3.0.0.0.0		5.0.0.0.0		7.0.0.0.0		9.0.0.0.0		11.0.0.0.0	

公元前 3114			12.0.0.0.0	1618
公元前 3094			12.1.0.0.0	1638
公元前 3074			12.2.0.0.0	1658
公元前 3055			12.3.0.0.0	1677
公元前 3035			12.4.0.0.0	1697
公元前 3015			12.5.0.0.0	1717
公元前 2996			12.6.0.0.0	1736
公元前 2976			12.7.0.0.0	1756
公元前 2956			12.8.0.0.0	1776
公元前 2936			12.9.0.0.0	1796
公元前 2917			12.10.0.0.0	1815
公元前 2897			12.11.0.0.0	1835
公元前 2877			12.12.0.0.0	1855
公元前 2858			12.13.0.0.0	1874
公元前 2838			12.14.0.0.0	1894
公元前 2818			12.15.0.0.0	1914
公元前 2798			12.16.0.0.0	1934
公元前 2779			12.17.0.0.0	1953
公元前 2759			12.18.0.0.0	1973
公元前 2739			12.19.0.0.0	1993

最后一日 2012.12.21

上图显示的是玛雅历法的基本构造，它将为期 5125 年的长计历（Long Count）与每年 260 天的卓尔金历（Tzolkin）对应起来。图表中每格表示 1 卡盾（katun），1 卡盾为 20 盾（tun），1 盾为 360 天。每纵列是 1 伯克盾（baktun），1 伯克盾为 20 卡盾。关于表格中心点对称的任一矩形的四角（如表格的 4 个角）所在的四格形成一组，这样每组之和均为 28。包含均值和数字 1、7 和 13 的组之四格都绘上了阴影（中心列为特例）。DNA 双螺旋的比例也是 13∶20。详见第 019 页。

目录
CONTENTS

001 前言

002 基本的运行周期 / 太阳、月球、地球和恒星

004 最早的历法 / 印刻在骨头和石头上的痕迹

006 古代中国历法 / 早期的历法体系

008 古代印度历法 / 庞大的数字

010 苏美尔历法与巴比伦历法 / 穆斯林与犹太人创立的阴历

012 古代埃及历法 / 偕日升与古埃及黄道带

014 金属上记录的历法 / "巫师帽"与早期的传动装置

016 罗马历法 / 大月及大年

018 另一个世界 / 消失的文明

020　幸免于难的抄本 / 西班牙人无知的焚毁

022　记数系统 / 同时使用手指和脚趾

024　玛雅历法 / 源出于何？

026　卓尔金历 /260 天周期

028　哈布历 /（18×20）+5=365 天周期

030　历法循环 /52 年周期

032　历法中出现金星 / 意义非凡

034　月亮 / 夜神

036　火星、木星与土星 / 神秘的 819 天周期

038　长计历 / 测定整个纪元长度

040　石柱 / 刻有象形文字的石头

042   太阳天顶经过日 / 天顶仪和校准仪

044   阿兹特克太阳石 / 化石计时器

046   银河系呈直线

048   2012 年——世界末日 / 新太阳诞生日

050   附录

　　人类从开始学习数数、播种、记录的那一刻起，便开始了尝试探索太阳和月球的运行轨迹。随后世界上出现了3类历法：阴历——忽略太阳周期，只依照月相制定历法，通过设置闰日调整月的天数；阴阳合历——月份以月球运行为基准，大月30天，小月29天，平均月相周期为29.5天，通过设置闰月调整太阴年与太阳年的差距；阳历——反映季节变化，通过设置闰日保持历法与太阳年周期一致。

　　除上述基本的历法类型，本书还将介绍根据其他恒星的偕日升制定的古代各类恒星历，最后也是最复杂的，就是将各种行星周期合为一体的历法。其中最特别的历法是世界历史上独一无二的玛雅历法。本书的后半部分将全部用来介绍玛雅历法。

　　随着人们对玛雅历法体系兴趣的高涨，对这样一本袖珍指南的需求也会日益凸显。从19世纪晚期开始直至今日，前人通过艰苦不懈的努力解读了所剩不多的玛雅人手抄本和碑铭。所有这些努力都保证了本书介绍的是对玛雅历法的最新认识。历法的核心是周期，进而是对未来做出预测。我预测你也一定会喜欢这本书。

基本的运行周期 / 太阳、月球、地球和恒星
THE FUNDAMENTAL CYCLES

　　第 003 页图显示了一些自然的星体运行周期，就是它们启发并激励了古人对历法的探索。

　　众所周知，现在一个太阳年为 365.242 天（如图中央所示），同时我们确定了被称为"一天"的时间长度。要是它们能彼此很方便地对应起来就好了。事实上，4 个太阳年大约是 1461 天，或者说得更精确一点，33 个太阳年几乎恰好等于 12053 天。地球的地轴是倾斜的，阳光入射点发生变化，形成了四季更迭。而地球自转非常缓慢，一周需要 26000 年，地球长期运动形成的岁差就导致了昼夜平分点的变化。这就造成了恒星日、恒星年与太阳年之间的偏差。

　　另一个大家熟悉的周期概念是朔望月，朔望月的长度是 29.53 天，这成了许多古代历法的基础。但它并不能轻易与太阳年同步：阴历中，平均一年有 12.368 个满月，每 3 年差不多有 37 个满月。更精确的话，19 年有 235 个朔望月，19 年就是一个默冬章。该周期是根据公元前 5 世纪希腊天文学家默冬（Meton）的名字命名的。公元前 330 年卡利巴斯（Callippus）又将默冬章精算到日，他用 4 个默冬章周期减一天，得到 76 年的周期，共 27759 天，包含 940 个朔望月。

　　相对于太阳的运行轨迹——黄道而言，月球的轨道是倾斜的，当月球穿过黄道时产生了黄白交点，即月交点，这时太阳和月球在同一条线上，这是预测月食形成的一个重要条件。黄白交点每 18.613 年交叠一次，方向与太阳相反。太阳沿黄道一个来回经过同一黄白交点需要不到一年的时间，精确地说需要 346.620079 天，这就形成交点年（Draconic），又称为食年（eclipse year）。

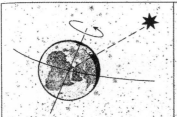

恒星日
23.9344686 小时，地球相对于恒星自转一周所需的时间。

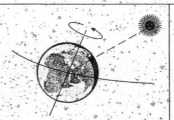

回归日
24 小时，地球相对于太阳自转一周所需的时间。

分点岁差
25920 年（大年、岁差年），地球斜轴缓慢旋转一周所需的时间。

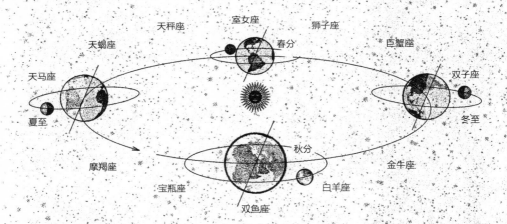

天秤座　室女座　狮子座
天蝎座　　春分　　　巨蟹座
天马座　　　　　　　　　双子座
夏至　　　　　　　　　　冬至
摩羯座
宝瓶座　　　秋分　　金牛座
双鱼座　白羊座

回归年
364.2421904 日。相继的两个夏至（或冬至、或春分、或秋分）之间的时间距离。因为岁差的关系（见上右图），它比恒星年短 204 分钟。而恒星年是指地球绕太阳一周所需的时间。春分太阳背后的星座（或星群）叫"大月"。

恒星参照太阴月
27.321661 日。相对于某颗恒星，月亮再次回到其位所需的时间。

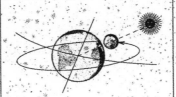

朔望月
29.530588 日。相继的两次新月间隔的时间。

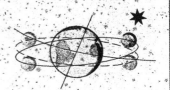

亮交点的旋转
18.612816 年。月亮轨道完成一次摆动所需的时间。

最早的历法 /印刻在骨头和石头上的痕迹
THE EARLIEST CALENDARS

　　已知的最早历法都是阴历。对夏至或冬至进行简单地校准或许足以确定太阳年，但是人们最初计算实际天数的时候，似乎是根据月盈月亏之间的天数来定的。

　　下图中第二块是旧石器时代的列朋波甲骨文（Lebombo bone），这是考古学家在非洲斯威士兰发现的一块年代为公元前 35000 年的狒狒股骨，这块骨头上面有 29 个清晰的凹口，记录下了满月之间的天数。而第一块是发现于法国阿布利（Abri）的公元前 30000 年的布兰查德甲骨文（Blanchard Bone）。除其他用途之外，它显示了两个月中的月相变化，同时得出天数更精确的计算公式：59 天 =2 个月亮周期。

　　在新石器时代，公元前 3200 年爱尔兰的纽格莱奇墓（Newgrange）和公元前 2500 年英国的巨石阵（Stonehenge）都表明人们当时已经发现了默冬章中的 19 个太阳年等于 235 个朔望月。巨石阵的外围是由 29.5 块石头堆成，这说明当时就已经知道两个满月之间是 29.5 天。现在这半块石头依然清晰可见（见第 005 页下图）。

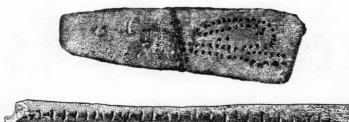

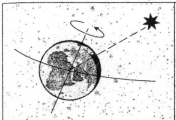

恒星日
23.9344686 小时，地球相对
于恒星自转一周所需的时间。

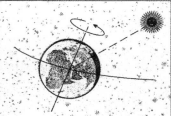

回归日
24 小时，地球相对于太阳自转
一周所需的时间。

分点岁差
25920 年（大年，岁差年），地球
斜轴缓慢旋转一周所需的时间。

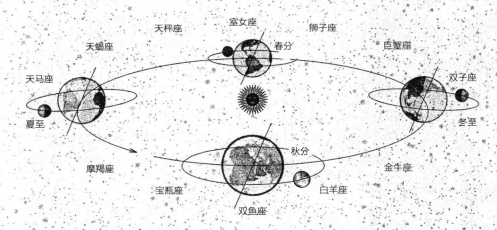

天秤座 室女座 狮子座
天蝎座 春分 巨蟹座
天马座 双子座
夏至 冬至
摩羯座 秋分 金牛座
宝瓶座 白羊座
双鱼座

回归年
364.2421904 日。相继的两个夏至（或冬至，或春分，或秋分）之间的时间距离。因为岁差的关系（见
上右图），它比恒星年短 20+ 分钟。而恒星年是指地球绕太阳一周所需的时间。春分太阳背后的星座（或
星群）叫"大月"。

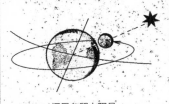

恒星参照太阴月
27.321661 日。相对于某颗恒
星，月亮再次回到其位所需的时间。

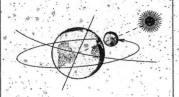

朔望月
29.530588 日。相继的两次新
月间间隔的时间。

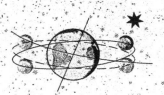

亮交点的旋转
18.612816 年。月
亮轨道完成一次摆动所
需的时间。

最早的历法 / 印刻在骨头和石头上的痕迹
THE EARLIEST CALENDARS

已知的最早历法都是阴历。对夏至或冬至进行简单地校准或许足以确定太阳年，但是人们最初计算实际天数的时候，似乎是根据月盈月亏之间的天数来定的。

下图中第二块是旧石器时代的列朋波甲骨文（Lebombo bone），这是考古学家在非洲斯威士兰发现的一块年代为公元前 35000 年的狒狒股骨，这块骨头上面有 29 个清晰的凹口，记录下了满月之间的天数。而第一块是发现于法国阿布利（Abri）的公元前 30000 年的布兰查德甲骨文（Blanchard Bone）。除其他用途之外，它显示了两个月中的月相变化，同时得出天数更精确的计算公式：59 天 =2 个月亮周期。

在新石器时代，公元前 3200 年爱尔兰的纽格莱奇墓（Newgrange）和公元前 2500 年英国的巨石阵（Stonehenge）都表明人们当时已经发现了默冬章中的 19 个太阳年等于 235 个朔望月。巨石阵的外围是由 29.5 块石头堆成，这说明当时就已经知道两个满月之间是 29.5 天。现在这半块石头依然清晰可见（见第 005 页下图）。

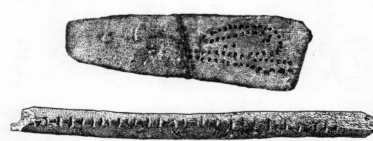

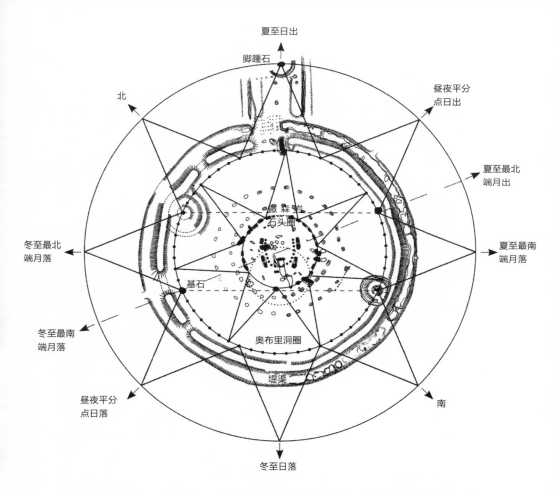

夏至日出

脚踵石

昼夜平分
点日出

北

夏至最北
端月出

撒森岩
石头圈

冬至最北
端月落

夏至最南
端月落

基石

奥布里洞圈

冬至最南
端月落

昼夜平分
点日落

堤渠

南

冬至日落

英国巨石阵显示的是新石器时代人们对历法的认知。外圈分 8 等份，各等份点显示太阳与月亮升落状况。环绕其中的是 56 个奥布里洞（Aubrey holes），奥布里洞主要用于预测食。巨石阵本身（下图）是由 29.5 块撒森岩石头（sarsen stones）和里层 19 块较小的蓝灰砂岩石头（bluestones）组成，整体为圆形，呈 7 等份分布。

古代中国历法 / 早期的历法体系
ANCIENT CHINA

传说中国历法是由黄帝于公元前 2637 年创立，取代了当时使用的由 13 个月共 384 天组成的阴历。公元前 1800~ 前 1200 年的商朝，中国开始使用置入闰月的 19 个太阳年的默冬章周期历，这比默冬章的记载要早 100 年左右。当时还使用与此相关的卡利巴斯周期历（Callipic cycle）（即 76 个太阳年 =940 个朔望月减一天）。

在中国古代，农历年从离冬至最近的新月开始，但是到了公元前 2 世纪末，人们对历法进行了改革，让冬至出现在每年的第二个月，这就引出了一套新的置闰体系。而现在中国的农历年是从冬至后的第二个新月开始，每年的季节更迭周期则是从冬至和春分之间跨季的中点开始计起。

中国的农历年有 12 个月。农历月的长度以朔望月为准，大月 30 天，小月 29 天。为了与太阳年保持一致，每两三年就会加一个月，称作"闰月"（见第 057 页的附录），古代中国皇帝在即位时，都会改年号纪年，以计数在位时间。不过在 1911 年辛亥革命废除了帝王制之后，这种年号纪年法也就不复存在了。

中国历法中的年份都以动物命名，共有 12 个属相———鼠、牛、虎、兔、龙、蛇、马、羊、猴、鸡、狗、猪，称之为十二生肖（见下图）。同时中国讲究五行，即金、木、水、火、土，它们之间相生相克，每一行各延续两年，五行与十二生肖组合，共形成了 60 个组合，因此是每 60 年才遇一次。例如 2000 年是金龙、2001 年是金蛇，那么 2002 年就是水马，以此类推，60 年后才会遇到下个金龙年。

左图是一块唐朝的雕花铜镜；里圈铸有象征东南西北四方的青龙、朱雀、白虎和玄武；接着一圈是十二生肖图，其中鼠在北方，其他属相顺时钟依次排列；然后是《周易》的八卦，由此可生六十四卦（见下图）。下一圈是象征黄道二十八宫的二十八星宿；紧挨镜边最外圈的是一首诗。

《周易》的作者是中国神话中公元前 2800 年左右的一位君王——伏羲。《周易》共有六十四卦，每卦六爻，或阴或阳。本页展示的是由公元前 1050 年左右的周文王所著的《后天代卦》，其中六十四卦的卦序由他所设，每两卦形成对，两卦或互反，或互倒。六十四卦共有三百八十四爻，代表了 384 天，其中有 13 个满月日。[特伦斯·麦肯纳（Terence McKenna）首先发现《周易》中的三百八十四爻代表了 13 个朔望月，是阴历历法]

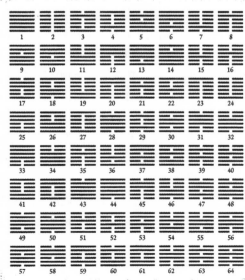

007

古代印度历法 / 庞大的数字
ANCIENT INDIA

关于古印度历法，有很多不同的说法。公元前 1000 年的《摩诃婆罗多》（Mahabhâratâ）中记载道："1 年 12 个月，每个月 30 天，每 5 年加 1 个月。"这样计算平均每年就是 366 天。（有学者认为更精确的闰月应该是 26 天或 27 天）

在印度北部，朔望月是从满月后的第一天开始算起，但是在南部却是从新月后的第一天开始算起的。公元 550 年，印度制定了一种阴阳合历，将阴历整合到太阳周期之中。但是非常有趣的是，这似乎是一种恒星年而不是太阳年。这种历法一直沿用到 1957 年才被格里历（Gregorian calendar）所取代。

《韦达经》又称《吠陀经》（The Vedas），写于公元前 1500 年左右，书中描述了各种漫长的轮回，有些周期会达数万亿年之长。这部书将地球上轮回的周期分为了四大时期：①丽塔时代，又称萨亚年代（The Krita or Satya Yuga）持续 1728000 年，被称为黄金时代；②特瑞塔年代（The Treta Yuga），共 1296000 年，为白银时代；③达夫帕拉年代（Dvapara Yuga），为黄铜时代，占 864000 年；④卡利年代（Kali Yuga），共 432000 年，为黑铁时代。有些专家说人类正走向充满物质的黑铁时代的末端，而阿拉伯历史学家阿尔比鲁尼（al-Bîrûnî，973~1048 年）则认为黑铁时代从公元前 3102 年才刚开始。

《韦达经》中的数值都是 2160 年的倍数，这是春分或秋分时太阳穿过黄道带中一宫所用时间的传统数值。如果用 360 除以这些数值，结果就会让我们想起《韦达经》上提到的更加久远的事件。这些事件中，各年代都要加上 24000 年，24000 年可能是一个岁差值。

根据 20 世纪初期圣尤迪斯瓦尔（Sri Yukteswar）所作的分析（见第 009 页图），我们可以清晰了解简化了的岁差法。

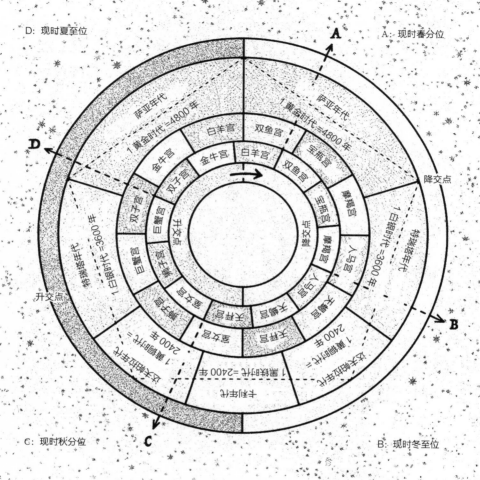

D: 现时夏至位   **A**   A: 现时春分位

萨亚年代

1 黄金时代＝4800 年

白羊宫　双鱼宫

金牛宫　白羊宫

D 双子宫　金牛宫

降交点

1 白银时代＝3600 年　特瑞塔年代

降交点

1 白银时代＝3600 年

升交点　特瑞塔年代

B

1 青铜时代＝2400 年　铜器时代

C 1 青铜时代＝2400 年

C: 现时秋分位   B: 现时冬至位

　　完整的瑜伽历（Yugic Calendar）根据圣尤迪斯瓦尔所作的图解，我们所经历的时代也有类似的上升期和衰落期。两个黄道带分别基于恒星的（外侧）和太阳的（内侧），两者相差整整一宫。春分时的黄道宫是大年当时的大月，而秋分所指的则是当时整个时代（Yuga）。在另外的图解版本中，研究者会根据当时的岁差情况稍作调整。

苏美尔历法与巴比伦历法 /
穆斯林与犹太人创立的阴历
SUMER AND BABYLON

苏美尔（Sumerian）文明大约起源于公元前 4000 年，当时苏美尔创建的阴历历法中一年有 12 个朔望月，共 354 天。日落后初见新月为一个月的开始，年是根据在位国王的年号进行记载的。与农业相关的新年定在秋收之后。

到了公元前 3000 年，为了与太阳周期保持同步，苏美尔人将历法调整成一年 12 个月，每个月 30 天，这样一年共有 360 天（该天数在阴历年天数与太阳年天数之间）。然后把每天分为 12 段（每段 2 小时），每段又被分为 30 等份（每等份 4 分钟）。一年只分干、湿两季。

到了公元前 2000 年的古巴比伦时期，古巴比伦人确定了黄道十二宫。此时阴历又一次开始盛行：新年从春分后的第一个新月开始算起，一年有 12 个朔望月，每个月 29 天或 30 天不等，平均天数为 29.53 天。过了不久，为了保持年与季节相吻合，每 8 年置 3 个闰月，置闰无一定规律，各城邦自行设定。后来演变为中央行为，由国王宣布何时置闰。到了公元前 500 年，巴比伦人使用的已经是一套新的历法：其中 12 年，每年 12 个月；另外 7 年，每年 13 个月。这样，19 年共有 235 个月。这又与默冬章取得了一致。

从公元前 1000 年开始，巴比伦开始记录某些恒星的偕日升与偕日落，通过这种恒星历计算的一年有 12 个月，每月 30 天，一年共 360 天。

苏美尔与巴比伦：使用的先是 354 天的阴历，然后是 360 天的阴阳合历，最后是置闰月的默冬章。

古埃及：祭司观察天狼星偕日升（猎户座附近）以确定新年。天狼星偕日升时间与尼罗河泛滥时间一致。

以色列：犹太人历法是阴阳合历，此历法每年 12 个朔望月，为了保证逾越节（Passover）总在春季，有些年份置入闰月。

巴格达：伊斯兰历是完全忽略太阳的阴历，此历法一年有 354 天或 355 天，为了与月球运行保持一致，每 30 年置闰 11 天。

古代埃及历法 / 偕日升与古埃及黄道带
ANCIENT EGYPT

　　古代埃及历法始于公元前5000年。当时创立的是阴历，每月的第一天是从黎明前月亮消失的那一刻开始。与苏美尔人创立的历法体系不同的是，埃及人以日出时刻为每月的开始，而苏美尔人则以日落时刻为每月的开始。古埃及人发明了水位计来测量每年尼罗河水位，太阳年是根据尼罗河的涨落期来定。

　　到了公元前2500年，阴历已被调整至与太阳年同步。从那时起，新年的第一天是天狼星偕日升的那一天，而天狼星偕日升后过不了几天，尼罗河就会泛滥。当时的历法是每月固定有30天，没有大、小月之分。每年12个月，因此名义上一年只有360天。但每年都会加上5天庆祝时间，叫做庆生日（Epagomenal Days）。这样，一年实际天数便为365天。

　　然而，古埃及人不设"闰日"，这样，新年随着季节更替就会出现错位。地球绕日公转一周需时365.25日，若不设闰年，4年后日历就会比实际天象早一天。1461年后便会提早整整一年，那时太阳又会与天狼星同时升起［所以1461个含混年（vague years）等于1460个儒略年］。这段时间，古埃及人称为天狗周期（Sothic cycle），"天狗"正是埃及人眼中的天狼星，现多称为天狼星周期。

　　随后埃及人经由希腊采用了巴比伦人的黄道带，同时将黄道细分为36个分区，每个分区10°。下图和第013页图是埃及人黄道带的示例图，取自丹达拉（Denderah）的一座神庙。

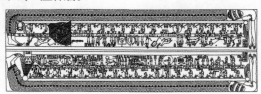

第 012 页与本页的黄道带图取自埃及丹达拉的哈索尔神庙（The Temple of Hathor），此庙建于公元前 30 年。上图黄道带中央画有北方星座，四周环绕的是黄道十二官的符号。图中身形小、手持物件的画像代表行星，环绕其外、在中央盘边上的是 36 分区（就是第 012 页中站在船上的画像）。神庙的轴线，垂直于此页上黄道十二官图，对准天狼星偕日升。

金属上记录的历法 /
"巫师帽"与早期的传动装置
MATALLIC MEMORIES

　　人们对早期欧洲历法知之甚少，但是 1999 年，在德国戈瑟克（Goseck）附近的尼布拉镇（Nebra）出土了一个 12 英寸的天象盘，此盘年代可溯至公元前 1600 年。天象盘的发现让人们对欧洲历法有了新的认识。天象盘盘面上的太阳、新月与昴星团星座相距甚近。1000 年后的巴比伦人也是依此来决定在朔望月中置闰的时间，用以同步太阴年与太阳年。

　　在瑞士、德国和法国出土了 4 顶青铜器时代的"巫师帽"（the wizard shats），是公元前 1300 年的物件。帽子呈金色尖顶，帽身刻有日月的符号。其中一顶帽上有 1735 个符号，另有两顶分别刻了 1737 个和 1739 个符号。这些数字所形成的代码几乎完全与默冬章周期相对应。"巫师帽"的发现为研究欧洲历法提供了更多的线索。

　　古希腊历法中一年有 12 个月，定期置入闰月。和埃及一样，古希腊新年的开始与天狼星升起时间相一致。默冬在公元前 432 年测算出 19 年为一周期，但其对历法影响甚微。1900 年，人们在安提凯希拉岛（Antikythera Island）无意之中发现了一艘公元前 150 年的古罗马沉船，残骸中有一个由 37 个青铜传动装置组成的天文计算机。这个装置的刻度盘正面刻的是阳历周期、黄道带、太阳、月亮以及月相指示器；背面的两个指示器分别记录了沙罗周期（Saros cycle）和卡利巴斯周期。此装置不仅可以预测食的发生，似乎还可以定位行星的运行轨迹。

　　科利尼历法（Coligny Calendar）是由古代高卢祭司于公元 180 年左右用高卢语刻在一个铜匾上流传下来的。上面记载了一个太阴年由 12 个月构成，每月29 天、30 天不等，每两年半置入 1 个闰月，这样每 5 年共有 62 个月；每 30 年就是 5 个 62 个月的周期加上 1 个 61 个月的周期。

a.

b.

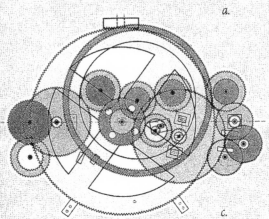

c.

a 图：记录了科利尼历法的铜匾残片（公元 180 年）。铜匾尺寸为 60 英寸 ×35 英寸（1 英寸 =2.54 厘米）。

b 图：现存的、青铜器时代晚期的 4 顶"巫师帽"之一（公元前 1300 年）。

c 图：尺寸为 13 英寸 x 英寸的安提凯希拉食预测装置（公元前 150 年）。

罗马历法 /大月及大年
THE ROMAN CALENDAR

在整个古代欧洲，在所有其他历法背后都隐藏着一个更长的由岁差（亦称大年）引起的周期。每2160年一个新的、更年轻的星座就会出现在"春分点"的背后，这样太阳大约每2100年在其中一宫范围内运行，然后到达下一宫（见第017页上图），这2160年就是3个720年的黄道十度分度（decan），每个十度都有自己的守护星座。

最早的罗马历法取代了一种阴历。此历法中每年有10个月，每个月有30天或31天，这样一年共有304天。现在的9月到12月的月份名仍然沿用了以前7月到10月的原名。但是在历法周期之外，每年有61天的过冬期。直到公元前713年，此历法才得以改革，将每月改成29天，并在年初加了两个月，即现在的1月和2月。其中1月29天，2月28天，这样一年便成了355天。然后每隔一年就在2月末加27天长的闰月（后被缩短为23 天或24天）。这样每两年中一年是377天或378天，另外一年是355天。平均每年有366天或366.5天。

最后，在公元前46年，恺撒创立了儒略历（the Julian calendar）。儒略历规定一年有365天，和现在一样每年12个月，每4年在2月底置一闰日。然而，儒略历计算的时间与太阳年相比，每年晚11分钟。这样到了公元16世纪，累计差就达到了10天。因此，1582年10月4日儒略历被停用，开始实行格里历，同时规定1582年10月4日（儒略历）的次日为1582年10月15日（过渡为格里历），即有10天被删除。现在，闰年的计算方法是：公元纪年的年数可以被4整除的即为闰年；被100整除而不能被400整除为平年；被100整除也可被400整除的为闰年。这样按新历法计算每年为365.2425天，每3200年累计误差为一天。

现在我们使用的就是格里历。人们完全摒弃了阴历和恒星历，而让太阳在历法中起着主宰性的作用。

时代	黄道十度分度	守护星座	象征及示例
金牛宫	1. 公元前 4320~ 公元前 3601	金牛座（成熟期）	欧洲公牛崇拜
	2. 公元前 3600~ 公元前 2881	天蝎座（中心期）	死人崇拜
	3. 公元前 2880~ 公元前 2161	金牛座（初期）	供奉牛
白羊宫	1. 公元前 2160~ 公元前 1441	白羊座（成熟期）	羊，摩西
	2. 公元前 1440~ 公元前 721	天秤座（中心期）	天平，法律
	3. 公元前 720~ 公元前 1	白羊座（初期）	供奉羊
双鱼宫	1. 公元 1~ 公元 720	双鱼座（成熟期）	鱼，基督
	2. 公元 721~ 公元 1440	处女座（中心期）	圣洁，智慧，伊斯兰
	3. 公元 1441~ 公元 2160	双鱼座（初期）	小鱼之死
宝瓶宫	1. 公元 2161~ 公元 3600	宝瓶座（成熟期）	社区与水
	2. 公元 3601~ 公元 4320	狮子座（中心期）	王者归来
	3. 公元 4321~ 公元 5040	宝瓶座（初期）	零星杂物

西方传统大年的一部分，按黄道十度分度分成若干时期，并给出了相应的守护星座。

上面是罗马历法。每日分别用字母 A~H 表示，A 日为交易日。顺列而下，每月的第 1 天被称作 Kalends（简写为 K）；第 5 日、6 日、7 日称作 Nones（简写为 NON）；Ides（简写为 IDVS）指 13 日、14 日、15 日。其他字母含义：F，年表圣历（Diesfasti）的日子，即办理法律事务的日子或大选日；NP，非司法日（Dies nefast）是指无法律事件或非选举日。还有就是额外的节日，如 SATVR，指 12 月 17 日至 23 日举行的农神节（Saturnalia）

另一个世界 /消失的文明
ANOTHEER WORLD

正如我们所看到的，不论全世界的国王、祭司，或历法家付出多少努力，历法体系依然不能调和日常生活中的阳历和阴历，无法使两者达到同步。事实上，直到19世纪，一篇报道让古典学者们感到了前所未有的新奇，该报道说在美洲丛林发现了奇怪的废墟。中美洲丛林的寺庙上模糊的雕刻，彻底改变了人们对古代历法系统的理解。19世纪末期，一位名叫约翰·古德曼（John Goodman）的美国报刊编辑最先着手解密这个消失了的世界中的历法成就。本书的后半部分介绍所谓的玛雅历法。

我们知道，古代玛雅人的居住地主要指现在的墨西哥东南部（墨西哥塔瓦斯科州和恰帕斯州的部分地区）、尤卡坦半岛、危地马拉、伯利兹城、洪都拉斯西北部以及萨尔瓦多西北部。同时，一个不言自明的事实是，与当时的古希腊相比，这些地区一直处在黄金时代的繁荣时期。在欣欣向荣的古典时期（250~900年），大规模的建设和都市化伴随着知识和艺术的蓬勃发展，古代历法也得到了完善。可是在公元900年左右，居住在玛雅地区南部的许多城市突然被玛雅人抛弃了，原因至今不明。随后的后古典时期（900~1521年），玛雅人、托尔科特人、阿兹特克人（Aztec）以及伊察玛雅人（Itza-Maya）使用的是简化了的历法。1519年，西班牙征服者占领了阿兹特克，1521年，他们又征服了玛雅人的后裔。

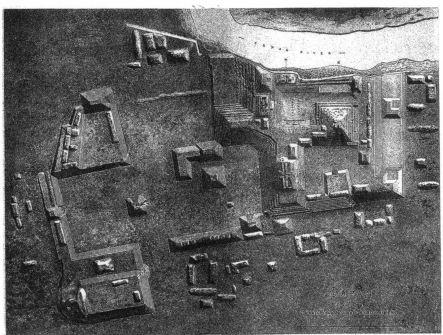

幸免于难的抄本 / 西班牙人无知的焚毁
SURVIVING MANUSCRIPTS

　　中美洲人通过石刻和绘有图案符号的书籍来记录信息。西班牙人来到这里之后，他们声称当地所有书籍都是"魔鬼的作品"，并将搜到的书籍付之一炬。哥伦布以前的抄本现存有55件，其中仅有4件是玛雅抄本（Maya codices）。

　　现存的4个抄本（见第021页图）都是后古典时期的，而且极有可能来自尤卡坦半岛。其中德累斯顿抄本（Dresden Codex）是保存最完整也是最重要的一本。这个抄本是德累斯顿图书馆于1739年从一个私人收藏家手中购买获得。在第二次世界大战中德累斯顿遭到轰炸后，这个抄本曾被水浸过，不过后来又被修复。该抄本共有39页，主要涉及一些预言以及包括太阳、月亮、金星运行表在内的天文学知识。德累斯顿抄本的年代可追溯到13世纪初，现存品很可能是早期版本的部分转抄。

　　巴黎抄本（Paris Codex）于1859年在巴黎图书馆被人再次发现，当时已十分破旧，只有11页上的文字符号和图画尚可辨认。它记载了1卡盾（13个20年的周期）时间顺序及相关的神、仪式及玛雅十三星座的部分描述：其中蝎子、海龟、响尾蛇和蝙蝠都能看清。

　　马德里抄本（Madrid Codex）分为两个部分，共56页，于1860年在西班牙找到。主要记载了占星术和年历，而天文学表格较德累斯顿抄本少。从与其他抄本内容关联上分析，马德里抄本很可能出自尤卡坦半岛西部。

　　1956年在墨西哥发现的格罗里抄本（Grolier Codex）只有11页纸，简单记载了金星年历。这个抄本可能是个能以假乱真的赝品。

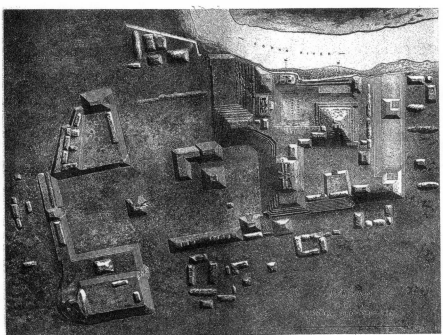

幸免于难的抄本 / 西班牙人无知的焚毁
SURVIVING MANUSCRIPTS

中美洲人通过石刻和绘有图案符号的书籍来记录信息。西班牙人来到这里之后，他们声称当地所有书籍都是"魔鬼的作品"，并将搜到的书籍付之一炬。哥伦布以前的抄本现存有55件，其中仅有4件是玛雅抄本（Maya codices）。

现存的4个抄本（见第021页图）都是后古典时期的，而且极有可能来自尤卡坦半岛。其中德累斯顿抄本（Dresden Codex）是保存最完整也是最重要的一本。这个抄本是德累斯顿图书馆于1739年从一个私人收藏家手中购买获得。在第二次世界大战中德累斯顿遭到轰炸后，这个抄本曾被水浸过，不过后来又被修复。该抄本共有39页，主要涉及一些预言以及包括太阳、月亮、金星运行表在内的天文学知识。德累斯顿抄本的年代可追溯到13世纪初，现存品很可能是早期版本的部分转抄。

巴黎抄本（Paris Codex）于1859年在巴黎图书馆被人再次发现，当时已十分破旧，只有11页上的文字符号和图画尚可辨认。它记载了1卡盾（13个20年的周期）时间顺序及相关的神、仪式及玛雅十三星座的部分描述：其中蝎子、海龟、响尾蛇和蝙蝠都能看清。

马德里抄本（Madrid Codex）分为两个部分，共56页，于1860年在西班牙找到。主要记载了占星术和年历，而天文学表格较德累斯顿抄本少。从与其他抄本内容关联上分析，马德里抄本很可能出自尤卡坦半岛西部。

1956年在墨西哥发现的格罗里抄本（Grolier Codex）只有11页纸，简单记载了金星年历。这个抄本可能是个能以假乱真的赝品。

德累斯顿抄本——上面是一个火星魔兽悬于天带之上。

巴黎抄本——附有黄道带。

马德里抄本——一位天文学家通过天顶仪在观测恒星。

格罗里抄本——金星运行表。

记数系统 / 同时使用手指和脚趾
THE NUMBERING SYSTEM

　　我们现在使用的记数系统也叫位置记数法（place numeration），是指每个单位都有其位置，对于单位的乘幂可依次定出它们的位置。这个独创性的方法曾被认为起源于 8 世纪的印度，后经阿拉伯传入当时由摩尔人占领的西班牙。然而，如今我们了解到，位置记数系统以及"零"的概念早在 1000 多年前就已在中美洲得到应用。我们使用的是十进制，即以 10 为基数的记数系统，也就是个、十、百、千……。而玛雅人使用的则是二十进制（可能源于人的手指和脚趾总数），即以 20 为基数，也就是个、二十、四百、八千……。

　　我们现在使用的十进制中，位数从右到左逢 10 进位，而读数顺序是从左到右。在玛雅记数系统中，位数从下到上逢 20 进位，读数顺序是从上到下。不过有一个重要的例外，在长计历中记录日期时，第三位等于第二位的 18 倍，而不是 20 倍。这样就产生了一个 360 天的单位，而不是 400 天，因此也更接近一个太阳年。

　　玛雅人使用 3 种符号记录数字：一是横条圆点记数法（见第 023 页上图）；二是头像记数法（见第 023 页上图说明）；三是人体象形文字记数法（见第 023 页下图）。在抄本中，"零"用贝壳表示，但在雕刻铭文中则用半个四瓣花（见第 023 页下图）替代。完整的四瓣花在费哲韦瑞抄本（Fejervary Codex）和马德里抄本中代表 260 天的历法（参见 027 页）。

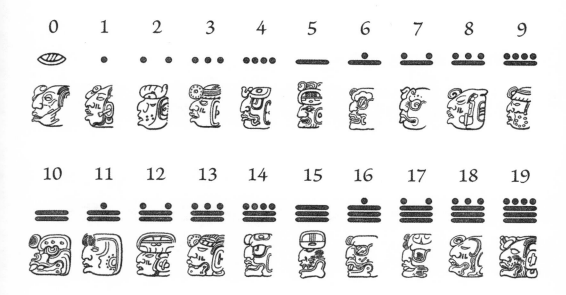

横条圆点记数法的创立可能与人们最初使用石头、枝条和贝壳的记数方法有关，其中横代表5。在头像记数法中，不同的头像代表数字0~12，不过10是个例外，是用骷髅头表示。表示数字13~19的头像数字符，是用3~9的头像数字符与表示10的骷髅头的下颌骨组合而成。

引介文字　　9伯克盾　　15卡盾　　5盾　　0乌纳尔

0金　　10阿华乌　　月相　　8井　　尚未解密

人体象形文字记数法是由头像数字符加上躯干表示的。例如，0乌纳尔是由一个前额佩戴饰物、下颌呈手形（代表0）的男人与一个两栖动物（代表乌纳尔）组合而成。

玛雅历法 /源出于何？
INCREDIBLE CALENDARS

　　玛雅人在历法中用让人摸不着头脑的数字代表了不同的周期，而原因暂不明确。第 025 页图中参照表中所示的是各自代表的天数及相互之间的代数关系。作为天数计算法，玛雅体系可以计算出过去或未来数千万天的漫长岁月，但由于没有置闰，所以没有像格里历中那样将历法与季节联系起来。玛雅人的历法能表示各种不同的周期，其中也包括太阳年周期。然而与众不同的是，他们竟没有尝试着将这些周期组合成一个历法，而只是进行了相互参照。

　　研究历法的学者们也搞不清复杂的玛雅体系的确切起源，尤其是卓尔金－哈布历（Tzolkin-Haab）装置的来历。至于玛雅人的祖先可以追溯到旧石器印第安时代（公元前 20000~ 前 8000 年），那时西伯利亚狩猎者聚集于此并占领了这个新世界，在古风期（the Archaic period，公元前 8000~ 前 2000 年）他们一直居住在这里，种植了玉米，同时也修建了固定居所。到了前古典时期（形成期，公元前 2000~250 年），这里文明孕育而生，已经出现了小镇和祭祀仪式。

　　玛雅历法的基本要素可以追溯到公元前 1500 年的中美洲文明［也称奥尔梅克文明（Olmec）］，或是被玛雅人（公元前 200 年前）优化过的萨巴特克文明（Zapotec，公元前 600 年前）。最早记录长计历的石碑出土于奥尔梅克人居住遗址；记录卓尔金历的石碑则分别发现于公元前 600 年和公元前 650 年的萨巴特克人居住遗址和奥尔梅克人居住遗址。

　　令人惊讶的是，有证据表明，居住于非洲西北部的大西洋中特内费岛（Tenerife）和大加纳利岛（Grand Canary）的柏柏尔人使用的是两倍于卓尔金历的 520 天周期（卓尔金历为 260 天）。

名称		长度	构成
基本单位			
a	地神周期	7 天	
b	夜神周期	9 天	
c	天神周期	13 天	
d	乌纳尔	20 天	
e	阴历	29 天或 30 天	
f	两月周期	59 天	2e
年			
g	卓尔金历	260 天	cd
h	盾	260 天	2bd
i	计数年	364 天	4ac
j	哈布历	365 天	2bd+5
行星周期			
k	金星周期	584 天	73×8
l	火星周期	780 天	3 个卓尔金年（g）
m	木星/土星周期	819 天	abc
n	3 个食年（Eclipse Year）	1040 天	4 个卓尔金年（g）
循环			
p	历法循环	18980 天	52 个哈布历年（j） 73 个卓尔金历年（g）
q	金星循环	2 个历法循环	65k,104j,146g
r	火星循环	6 个历法循环	146l,195k,312j,438g
长计历			
s	卡盾	7200 天	20 盾（h）
t	伯克盾	144000 天	20 卡盾（s），400h
u	太阳纪	5125 年	13 伯克盾（t），260s，5200h
v	岁差	25626 年	5 太阳（u），26000h，36000g

卓尔金历 /260 天周期
THE TZOLKIN

　　卓尔金历主要用于决定举行盛典的日子和预测未来，因此也被称为"圣历"。卓尔金历中的天用一个数字和一个日符组合起来表达，如第 027 页表中所示：第一天称 1 伊米希（Imix），第二天称 2 伊克（Ik），第三天称 3 阿克巴尔（Akbal），等等。构成一年 260 天中任意一天名称的两部分都决定着这一天出生的小孩的性格特征和命运，而且通常也用这一天的日期读法（数字加符号的组合）来给小孩取名。这种 13 天的周期现在叫作"13 日旬（tracena）"。

　　使用基切历（Quiche calendar）的祭司或危地马拉高地的日期保管者（daykeepers）日常使用的都是 13 × 20 的天数计法，从古典时期至今从未间断。260 天周期源于基切语"ch'olk'ij"，意思是"日子的计数"，后被音译到尤卡坦语中为"Tzolkin"，即我们所说的"卓尔金"。墨西卡人（Mexica），即墨西哥中部的阿兹特克人使用的也是 260 天周期，他们称之为托纳尔波瓦利历（tonalpohualli），使用的代表符号与玛雅人的完全一样。

　　基切玛雅人（Quiche Maya）认为卓尔金历是由人类孕期和玉米的耕作期得来的。而这个历法体系也被用于占卜，日期保管者使用此历法向神灵征询哪天适合举行何种活动。

　　学者们认为玛雅人是按日出计数天数的，但是现在的加卡特卡人 (Jacalteca) 和伊西尔玛雅人 (Ixil Maya) 都是按日落计算天数的。

伊米希　伊克　阿克巴尔　坎　契克山　克伊米　马尼克　拉马特　木卢克　沃克

契乌恩　埃本　本　伊希　门　克伊伯　卡班　伊兹那伯　卡乌克　阿华乌

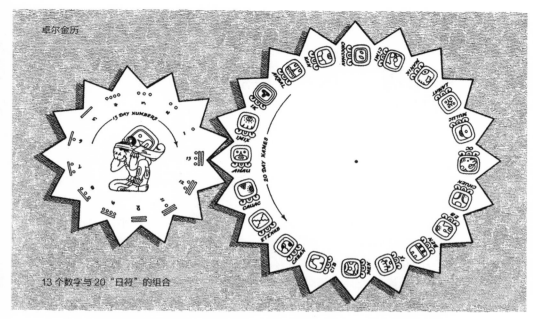

卓尔金历

13 DAY NUMBERS

20 DAY NAMES

13 个数字与 20 "日符"的组合

每个日符和每个数字都代表一个神，所以 260 天中每天的日符数字组合都是唯一的两股力量的组合。

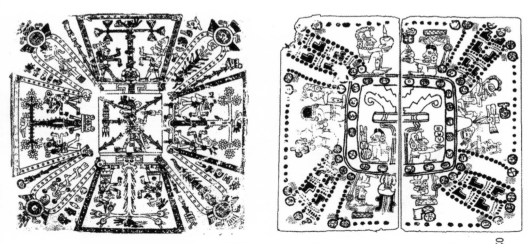

上图为两个版本的卓尔金历，费哲韦瑞抄本（左）和马德里抄本（右）。每个抄本的外圈都有 260 个小圆点，卓尔金历的 260 天可能是指人类的妊娠期天数。

哈布历 / （18×20）+5=365 天周期
THE HAAB

含混年，或哈布历［阿兹特克人称作"太阳历（xiuhpohualli）"］。哈布历中的年有 18 个月，每月 20 天（各月名称见下图），一年 360 天，再加上年末 5 天凶日，被称为"无名日"或"无魂日"（Uayeb）［阿兹特克人则将其称作"无用的日子（nemontemi）"］。这样下来，一年共有 365 天（未置闰日）。

哈布历从 0 到 19 计数天数，每月第一天称为"定位日（seating day）"，玛雅人认为可以提前测出时间周期的特征，所以将每月最后一天定为下个月的"定位日"。

玛雅人的新年首日是 1 泡普（Pop）。哈布历中"年命名日（year-bearer）"与含混年的是一致的。这一天的名字就是下一个含混年的名字。在日符中，只有 4 个符号与 1 泡普相重合，在古典期这 4 个日符分别是阿克巴尔（Akbal）、拉马特（Lamat）、本（Ben）和伊兹那伯（Etznab）。如果卓尔金历中 13 天周期与每个日符都不符，就会有 4×13＝52 个可能的"年命名日"。虽然理论上有 5 个"年命名日"的日符（因为 4×5＝20，恰是日符天数），但实际只有 4 个得到了应用。例如在尤卡坦半岛，出于某种原因，"年命名日"对应的符号在后古典期分别前移了一个位置，即"坎（Kan）""木卢克（Muluc）""伊希（Ix）"和"卡乌克（Cauac）"。

包括阿兹特克人在内的一些部族使用"末日命名体系（terminal year-bearer system）"，他们以第 360 天命名该年。

| 泡普 | 乌喔 | 希普 | 左茨 | 赞克 | 旭勒 | 亚克金 | 莫勒 | 井 |

乌阿叶布

| 亚克斯 | 夏克 | 克黑 | 马克 | 坎金 | 木安 | 帕克斯 | 卡娅布 | 古卡 |

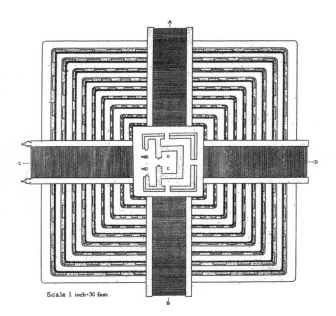

Scale 1 inch-30 feet.

左图：羽蛇神金字塔（Pyramid of Kukulcan），亦称卡斯蒂略金字塔（El Castillo），位于尤卡坦半岛奇琴伊察（Chichen Itza）遗迹中。金字塔的4面各有91级阶梯，共364级。这代表着计数年（Computing Year）的天数。而91=7×13，又等于1~13的连加结果。金字塔顶部的平台则表示第365级。

下图：壁龛金字塔（Pyramid of the Niches）位于墨西哥韦拉克鲁斯州（Veracruz）帕潘特拉镇（Papantla）的埃尔塔欣古城（El Tajin）遗址中，只有一处阶梯，在金字塔的东侧，共365级。金字塔的顶部曾经有一个神庙，现已毁损。

历法循环 /52 年周期
THE CALENDAR ROUND
52 YEARS

　　卓尔金历和哈布历都是计日不计年的历法，同一个日期组合在哈布历52 年或卓尔金历 73 年内，即 18980 天（第 031 页上图）不会出现两次。玛雅人为这 52 年周期的命名已失传。但阿兹特克人将这 52 年称之为"年捆"（xiuhmolpilli）（第 031 页下图），它的雕刻文字符如一捆柴，意思是将 52 年捆在一起。现在的玛雅文化研究者把 52 年称之为"历法循环（the Calendar Round）"。

　　现在，人们对玛雅人历法循环更迭时的风俗知之甚少，不过阿兹特克人的传统却被很好地保留了下来。阿兹特克人认为每当 52 年的周期结束时，世界就将毁灭。于是在最后一天的晚上，特诺奇坎城的（Tenochtitlan，即现在墨西哥市所在地）人们会熄灭所有的火，将房子彻底清扫干净，把雕像扔进水里，然后全部集中到一座叫"星之山（Hill of the Star）"的死火山上。祭司会在日落时爬上山顶观察星空，将一个俘虏的心挖出作为祭祀品，并在他的胸腔里将火点燃，然后由此燃起火把，重新点燃神庙里的火。人们再用神庙里的火将家里的炉膛点燃，紧接着就开始设宴庆祝平安度过了这一天。

　　每 52 年，阿兹特克人就举行一次新火典礼（New Fire），有学者认为这种传统由特诺奇坎人创立，后经托尔特克人（Toltecs）传给了阿兹特克人。在玛雅后古典期，奇琴伊察人（Chichen Itza）也开始举行这种仪式。

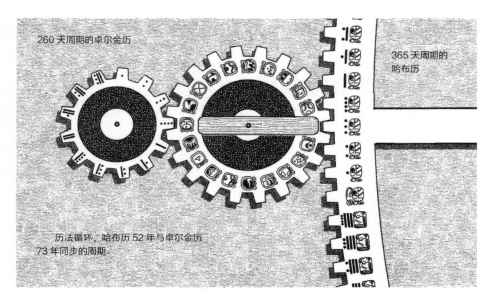

260 天周期的卓尔金历

365 天周期的
哈布历

历法循环，哈布历 52 年与卓尔金历
73 年同步的周期。

上图：当经过哈布历 52 年，也就是一个人出生后卓尔金历和哈布历再次同步时，根据玛雅文化和其他中美洲文化，这个人就会被尊为长者。但在格里历中这一天是他 52 岁生日前的第 13 天（因为哈布历没有闰日）。

下图：特诺奇坎城（Tenochtitlan）的阿兹特克，墨西哥城旧址，曾经每 52 年被重修一次。

历法中出现金星 /意义非凡
VENUS IN THE CALENDAR

　　金星在玛雅语中的拼写是"Noh ek"或"Xux ek"，意思分别是"巨星（great star）"和"黄蜂星（wasp star）"，它是离地球最近的行星。未调整的哈布历将金星运行周期视作历法中的一个单位，这实属创举。金星是闪闪发光的一个亮点，它会消失在太阳光中约两个星期，然后转到太阳前面，成为启明星。然后它会在太阳后面消失13个星期，作为长庚星出现在傍晚。这就是"金星会合周期（synodic cycle of Venus）"。5个会合周期总共是8年（见第033页图）。金星的平均会合周期（与太阳会合）是583.92天。玛雅历法将其取整为584天（历法中有一个消除误差的系统）。玛雅象形文字中，金星是眼状图像和一条蠕动的横线构成，有时是一个四角星形（见下图）。

　　玛雅历法中5个金星周期是2920天（584×5），用哈布历算，正好是8 年时间（8×365 = 2920），差不多等于13个金星年（13×224.7 = 2921.1天），非常接近99个朔望月。

　　两次历法循环或哈布历104年（卓尔金历146年）中有65个金星周期，或出现13个金星五角形（见第033页图）。这个时间概念被称为"金星循环（Venus Round）"。阿兹特克语中称为"金星周期（Huehuetiliztli）"，不过同时阿兹特克人做了细微的调整。

德累斯顿抄本里的 5 张金星表，记录了为期 3 个 104 哈布历年的金星循环。第一张表在第 57 个金星周期结束时往回调了 8 天，在第二个金星循环的第 61 个金星周期结束时再往回调了 4 天。这样两个循环就重叠了，启明星的升起出现在卓尔金历 1 阿华乌那天，精确度很高，468 年才有 0.08 天的误差。

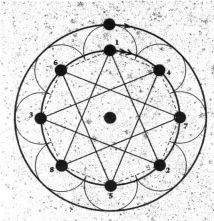

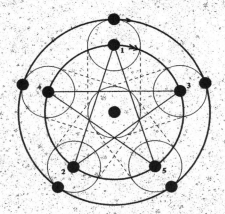

每八年的元旦（或任意确定的某天），金星所在的位置形成一个八边形。地球绕太阳每转八圈，金星就绕太阳转 13 圈。经过 8 年，金星的运行轨迹就绘出了一个五角形（见右图）。

每经过 584 天，也就是当地球、金星和太阳再次形成一条直线时，金星和地球就沿着轨道绕过了 8/5 周。这意味着金星在运行时，在地球周围的天空中绘出了一个巨大的五角形，整个过程历时 8 年（见左图）。

月亮 /夜神
THE MOON
AND LORDS OF THE NIGHT

　　一个太阴月（即朔望月）长度为 29.53059 天。德累斯顿抄本中的食表（eclipse table）共包括 405 个朔望月（见第 035 页图），这正好等于 46 个卓尔金历年。第 035 页图下方的表中是精确的玛雅公式。

　　德累斯顿抄本中记录了朔望月的设置情况。每个朔望月 29 天或 30 天不等，为将误差控制在 1 天之内，玛雅人置入 30 天长的闰月。德累斯顿抄本记录了连续的 405 个朔望月，分为 60 组，每组 6 个朔望月，加上另外 9 组，每组 5 个朔望月。在 60 组中，有 54 组是每组有 3 个月是 29 天，3 个月是 30 天（共计 54×177 天）；其余 6 组中有 2 个月是 29 天，4 个月是 30 天（共计 6×178 天）。而附加的 9 组中，每组有 2 个月是 29 天，3 个月是 30 天（共计 9×148 天）。69 组总计 11958 天，恰好比卓尔金历 46 年的天数（11960 天）少 2 天。

　　因为 3 个食年（每年 346.62 天）基本等于 4 个卓尔金历年，所以对于玛雅人来说预测食年是件轻而易举的事。冥界九神（Bolontiku）（也称夜神、冥王）每日轮流掌管事物。在石柱和石碑上记录的图画中，冥界九神通常被画在长计历和卓尔金历日符之后，月符和哈布历日符之前。因为360 天等于 9×40，所以每"盾"（即 360 天）的起始日或结束日都与冥界九神相吻合。

冥神一　　冥神二　　冥神三　　冥神四　　冥神五　　冥神六　　冥神七　　冥神八　　冥神九

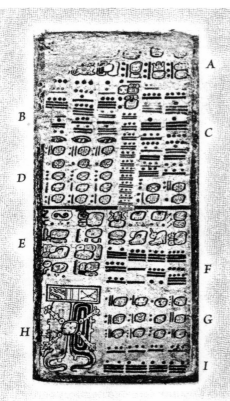

左：德累斯顿抄本前8页中第1页，记录着阴历及其食表。A区：占卜和预兆象形文字；B区：表长的倍数；C区：长计历日期；D区：食表入口(lubs)；E区：占卜和预兆象形文字；F区：累积区；G区：卓尔金历日期；H区：日/月食图像；I区：177天或148天间隔。

当在地球上可以看到日/月食时，每组朔望月之间就会有一定间隔或一个食窗。因此，此表极有可能用于预测日食和月食。尽管此表制于公元755年，但它却可以精确预测公元14世纪将发生的日食和月食。将11958天调整为11959天和11960天，食表入口，也就是卓尔金历的基本日期，就可以如在金星历那样得到应用。在此处的食表中，基本日期是12拉马特。

下方是几个表示月亮的象形文字：

满月预测

帕伦克:81个满月 =2392天

2392=8×13x23 且 81 = 3x3x3x3[精确度达到每 6.5 年误差 30 分钟]

科潘 (Copan):149个满月 =4400天

4400=11x20x20[精确度达到每 12 年误差 83 分钟]

德累斯顿:405个满月 =11960天

46个卓尔金年。405=5x81(与上面帕伦克相同)[精确度达到每 33 年误差 160 分钟]

食预测

3个食年 =4个卓尔金年 [精确度达到每 2.8 年周期误差 3 小时]

火星、木星与土星 /神秘的 819 天周期
MARS, JUPITER AND SATURN

火星会合周期是 780 天，德累斯顿抄本中记录了若干个火星周期。值得重点关注的是，一个火星周期恰好等于 3 个卓尔金历年。抄本中还记录了火星倒退运行期为 78 天，当火星穿过银河时，火星魔兽（Mars Beasts）就会悬空而下（见第 021 页）。

经过 6 个历法循环（3 个金星循环），火星周期就会再一次与卓尔金历及哈布历同步。这就是"火星循环"（Mars Round）。146 个火星周期 = 312 个哈布历年 = 438 个卓尔金历年。

地球本身有 7 层，每一层都有对应的一位神，统称"地神（Ah Uuc-Cheknal）"。十三位天神、冥界九神与七位地神共同管理的这个时期称为 819 天周期（7×9×13=819），这是 3 个时期的重合，同时 819 还等于 9 乘以 91。

一般认为 819 天周期源起于帕伦克遗址。819 天周期（21×13×3）、木星会合周期（21×19 天）及土星会合周期（21×18 天）都有一个共同的因子 21。这些星体的运行在古典期就被玛雅人跟踪到了，并当一个卡盾期结束时正好与太阳历或太阴历或者两者相重合时，就会在石碑上进行记录。

将 819 天周期与一个方向和颜色相配，即 4 组（红色／东、黄色／南、黑色／西、白色／北），这就构成了一个更大的 3276 天的周期。在不到 16 年里，卓尔金历将月亮的会合周期与所有可见行星周期的误差控制在 4.31 天之内。这是个完美的连锁周期（interlock cycle）：42 个回归年 = 59 个卓尔金历年；405 个朔望月 = 46 个卓尔金历年；61 个金星周期 = 137 个卓尔金历年；1 个火星周期 = 3 个卓尔金历年；88 个木星周期 = 135 个卓尔金历年。

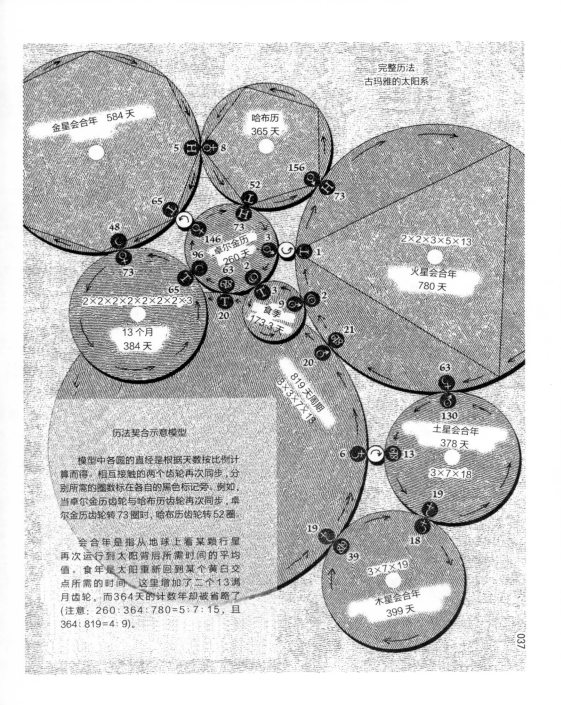

金星会合年　584 天

哈布历
365 天

5 8

156

52

73

65

146

卓尔金历
260 天

73

3

1

48

96

63

2

73

65

2×2×3×5×13

火星会合年
780 天

98

20

2×2×2×2×2×2×2×3

13 个月
384 天

食季
173.3 天

3

9

2

21

20

819 天周期
3×3×7×13

63

130

土星会合年
378 天

3×7×18

19

历法契合示意模型

　　模型中各圆的直径是根据天数按比例计算而得。相互接触的两个齿轮再次同步，分别所需的圈数标在各自的黑色标记旁。例如，当卓尔金历齿轮与哈布历齿轮再次同步，卓尔金历齿轮转 73 圈时，哈布历齿轮转 52 圈。

　　会合年是指从地球上看某颗行星再次运行到太阳背后所需时间的平均值。食年是太阳重新回到某个黄白交点所需的时间。这里增加了二个 13 满月齿轮，而 364 天的计数年却被省略了（注意：260∶364∶780=5∶7∶15，且364∶819=4∶9）。

6

13

19

18

39

3×7×19

木星会合年
399 天

长计历 /测定整个纪元长度
THE LONG COUNT

历法循环能精确到 52 年中的任何一天，但要记录未来或过去数个世纪的日期，则需要一个更全面的历法系统。在公元前 1 世纪，长计历应需而创。我们所用的历法从耶稣基督的诞生日算起，而长计历则始于一个基本日期，称为创世日。根据玛雅神话，世界已经经历了多个纪元，现行纪元的创世日是公元前 3114 年 8 月 11 日，按长计历记法为 13.0.0.0　4 阿华乌 8 古卡。

虽然玛雅日期原来的书写顺序是自上而下，但现在的玛雅文化专家为了阅读和打印方便就改为由左至右书写。为了区分当前 13 伯克盾周期之始的创世日和下一个位于其末的创世日，许多著作将公元前 3114 年的创世日的日期记录为 0.0.0.0.0，而非 13.0.0.0.0。

当长计历经过 13 伯克盾，即 1872000 天、5200 盾，或 5125 个太阳年时，一轮新的创世过程随之发生。现行的 13 伯克盾周期将在 2012 年 12 月 21 日结束，同时这天也是下一个创世日（关于更大周期的内容见附录第 059 页）。

20 金 =1 乌纳尔 =20 天
18 乌纳尔 =1 盾 =360 天
20 盾 =1 卡盾 =7200 天
20 卡盾 =1 伯克盾 =144000 天
13 伯克盾 =1 太阳纪 =1872000 天

下图：13 伯克盾轮。也就是 1 个太阳纪，等于 260 卡盾；这里显示的是 9 伯克盾。

下图：5 齿岁差轮。这里显示此刻正处于卡班期（Caban），或称地球运动。

右图：13 卡盾轮。即短计历，等于 260 盾。在后古典时期，此周期取代了 13 伯克盾周期。卡盾的名字是根据当前卡盾的最后三个卓尔金历日的名字而取。13 阿华乌（就是这里显示的卓尔金日期）是当前卡盾的最后一天，但由于机械装置的原因，齿轮移动到早一天的位置，即 11 阿华乌。

右图：13 盾轮。此处显示的是零盾。13 盾周期在德累斯顿抄本和巴黎抄本中均有记述，等于 4680 天，或 6 个火星会合周期，或 18 个卓尔金历年。该齿轮每转两圈就是 27 个食年。

右图：13 齿轮。卓尔金历中的 13 个数字与 20 个日符相结合便是卓尔金历的日期表达方式，这里的数是 13 阿华乌。

左图：垂直连续放置的是 20 齿皮克盾（pictun）轮、卡拉伯盾（calabtun）轮、金契尔盾（kinchiltun）轮和阿芳盾（alautun）轮。

左图：20 齿伯克盾轮。1 伯克盾等于 20 卡盾。与下方卡盾齿轮的最后咬合处的数为 17，所以日期为 17 卡盾。该齿轮每转一圈，就会带动上方的皮克盾轮和左边的 13 伯克盾轮转动 1 伯克盾。

左图：20 齿卡盾轮。1 卡盾等于 20 盾。与下方盾轮的最后咬合处的数是零，所以日期为零盾。该齿轮每转一圈，就会带动上方的伯克盾轮和左边的 13 卡盾轮转动 1 卡盾。

左图：18 齿盾轮。1 盾等于 18 乌纳尔。与下方乌纳尔轮的最后咬合处的数为零，所以日期为零乌纳尔。该齿轮每转一圈，就会带动上方的卡盾轮和左边的 13 盾轮转动 1 盾。

左图：20 齿乌纳尔轮。1 乌纳尔等于 20 金（kin，即天）。该齿轮每转一圈就会带动上方的盾轮转动 1 乌纳尔。内圈是长计历的金（天）数，这里显示的是 0 金（天）。该齿轮还是卓尔金历的日符齿轮（阿华乌显示在外圈）。

斯特雷的玛雅长计历装置 专利正在申请中

石柱 / 刻有象形文字的石头
THE STELAE

    这里的石柱是指刻有象形文字的石柱，玛雅人用它来纪念重大事件。在典型石柱的顶端是一些引介性的象形文字，说明下方的象形文字是长计历日期，而中央的文字通常表示的是哈布历中的月亮守护神。

    在引介性象形文字下方，可以看到20行成对排列的象形文字。前5对通常都是树立石柱时所属的13个伯克盾周期中由象形文字和数字表示的具体日期。阅读顺序大抵都是从左至右、从上至下。大多数情况下，这些成对的象形文字后面会刻上对应的卓尔金历日期的数字和象形文字。然后是表示有关夜神的两个象形文字——第一个是执政夜神，第二个广泛认为就是它们的名号，即"夜神"。

    再接下来就是一系列描述月龄或月相的象形文字、阴历半年中朔望月的位置及命名（以及一个意为"命名为"的象形文字），然后是一个说明该朔望月是29天或30天的象形文字，最后一对文字表示的是哈布历日期。第041页图显示的是基里瓜（Quirigua）遗址的一个石柱。

    另外一组象形文字最初被称为次要序列（secondary series），但是现在叫作"距数"（distance-number）日期。这些文字简化了日期的计算——距创世日或碑上长计历完整日期加上或减去的天数。它们可以精确记录距创世日更久远的日子，甚至长达几百万年，也常被玛雅人统治者用来将自己与祖先联系在一起，以示他们统治者地位的合法性。

A.

B.　　　　　C.

D.　　　　　E.

F.　　　　　G.

H.　　　　　I.

J.　　　　　K.

L.　　　　　M.

N.　　　　　O.

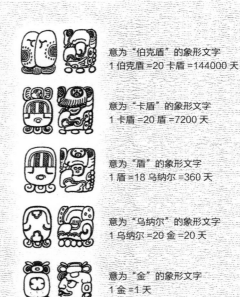

意为"伯克盾"的象形文字
1伯克盾=20卡盾=144000天

意为"卡盾"的象形文字
1卡盾=20盾=7200天

意为"盾"的象形文字
1盾=18乌纳尔=360天

意为"乌纳尔"的象形文字
1乌纳尔=20金=20天

意为"金"的象形文字
1金=1天

上方是长计历的二十进制结构。

左图是危地马拉的基里瓜遗址中6号纪念碑上半部雕刻的长计历示例图，显示的日期与第039页给出的相同。A.长计历引介象形文字，中央的头像是哈布历中月亮的守护神，此处为"古卡"；B.9伯克盾；C.17卡盾；D.0盾；E.0乌纳尔；F.0金；G.夜神或冥界九神；H.卓尔金历日期，13阿华乌；I.月相，此处为新月；J.月的位置，即月份，此处为太阴半年的二月；K.现在月亮的名字；L.意为"这是他（月亮）的尊名吗"的象形文字；M.当前朔望月，此处是29天；N.哈布历日期，此处为18古卡；O."他……（动词）"

太阳天顶经过日 /天顶仪和校准仪
THE SOLAR ZENITH

　　玛雅人认为播种和收获的日期都是根据太阳一年两次天顶经过日的时间（zenith passage days）来定的，即在太阳直射日，或是正午时圭表上没有阴影的日子。在中美洲有的遗址中，例如墨西哥霍奇卡尔科遗址（Xochicalco）和阿尔班山遗址（Monte Alban）的一些建筑上就设有天顶仪，在正午时垂直的光线就会通过天顶仪投射到地面上（下图）。在尤卡坦半岛，有一种叫作出尔突那（chultunes）的瓶状地下室可能也是一种天顶仪。

　　玛雅人将一年分为雨、旱两季，分别始于4、5月和11月，在玛雅人居住地的大部分地方，雨季开始的时间与五月份第一个太阳天顶经过的时间相重合，稍后人们就开始种植玉米。在第二个太阳天顶经过日时，人们就会播种第二茬玉米。在海拔较高的地区，玉米和豆类的种植时间在3月，收获时间是在260天后的12月份。

　　太阳天底日期（当太阳垂直照下时）与天顶经过日期之间相隔6个月。在11月，太阳天底日与旱季起始日期一致。

　　天顶仪可能还用于观察天顶经过时重要的星群。有资料表明，阿兹特克人认为昴星团与太阳天顶经过日的会合是新旧纪元交替的标志。

太阳从阿尔班山（Monte Alban）遗址中一个垂直的天顶仪直射而下（摘自Hartung）

墨西哥中部的年符，或许象征一种仪器，天顶经过日可投射出十字形（摘自Jenkins）

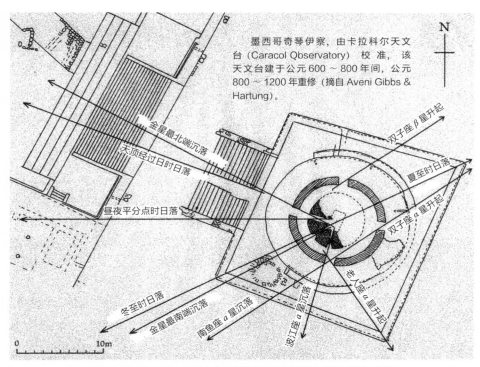

墨西哥奇琴伊察，由卡拉科尔天文台（Caracol Observatory）校准，该天文台建于公元600～800年间，公元800～1200年重修（摘自 Aveni Gibbs & Hartung）。

N

双子座 β 星升起

金星最北端沉落

天顶经过日时日落

夏至时日落

双子座 α 星升起

昼夜平分点时日落

老人座 α 星升起

冬至时日落

金星最南端沉落

南鱼座 α 星沉落

波江座 α 星沉落

0　　　　　10m

正如此处奇琴伊察的示例，太阳年、昼夜平分点和至点都是通过校准观测而确定。

阿兹特克太阳石 /化石计时器
THE AZTEC SUNSTONE

在 1790 年的一天，墨西哥工人在市中心广场上安装水管时在地下发现了一个巨型石刻碟。该石刻碟呈圆形，直径 12 英尺（1 英尺 ≈ 0.3 米）、厚 2 英尺、重 24 吨，上面刻有阿兹特克的历法，被称为"太阳石"（Sunstone）或是"历法石"（Calendar Stone）。目前太阳石存放在墨西哥市的国家人类学博物馆。

阿兹特克继承了祖先托尔特克人（Toltecs）的历法。托尔特克人与后期玛雅人生活在同一时代，且同出一源。太阳石顶部的文字"13 Reed"被认为是指 1479 年，也就是太阳石完成的时间。环绕中央浮雕的那一个圆环上雕刻了 20 天日符，不过它们与 20 个玛雅日符并不一样。

太阳石中央盘区的是主宰世界 5 个时期的神灵，叫作太阳诸神（Suns）。阿兹特克人认为共有 5 个太阳神。位于四角的是 4 个史前世界的太阳神，中心雕刻的是托纳提乌（Tonatiuh），或叫胡兹伯奇特利（Huitzilpochtli），即统治当今世界的太阳神。他是第五个也是最后一个太阳神（尽管阿兹特克人没有使用长计历）。

在第 045 页图的分析中，各环形暗含的几何图形的意义都已被重新解读。例如 E 环由 56 个元素组成，有些隐而不现。"56"这个数字也出现在英国史前的巨石阵中，对预测食非常有用。

有一种理论上可以转动的各部分组成的太阳石，也就是安提凯拉希岛风格的太阳石，其上有 20 个日符可以和外环上 13 个象形文字组合形成卓尔金历，与基本上隐而不现的 B 环中 18 个梅花形组合就会得到一系列的 18 个 20 天的"乌纳尔"。这样，太阳石最初的设计可以追踪二至点、月球与交点线的交点、食、金星循环、卓尔金历以及长计历。

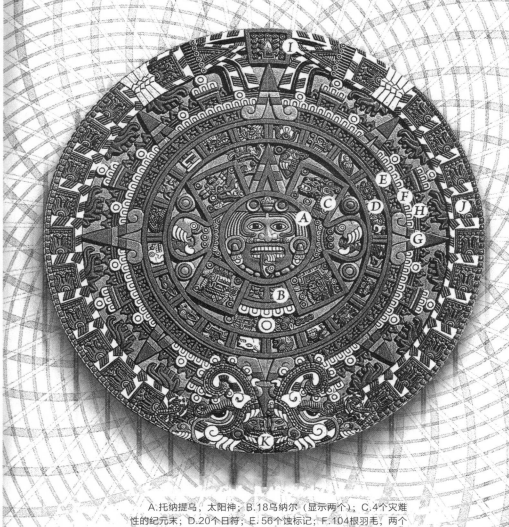

A.托纳提乌，太阳神；B.18乌纳尔（显示两个）；C.4个灾难性的纪元末；D.20个日符；E.56个蚀标记；F.104根羽毛，两个历法循环，一个金星循环；G.8束阳光；H.96颗牙齿，13个满月的1/4；I.13 Reed年；J.26段蛇体；K.银河毒蛇口中的夜神与光神。

银河系呈直线
GALACTIC ALIGNMENT

随着对玛雅历法的了解与日增多，人们开始探求玛雅人长计历反映的到底是什么。约翰·梅杰·詹金斯（John Major Jenkins）最近的研究表明玛雅人实际上是利用冬至日出在测量岁差。特别值得注意的是，玛雅历法关注的是周期的结束而非开始，根据玛雅历法和格里历的关系（参见附录第 061 页），玛雅历法大周期的结束是在银河系呈直线时的冬至日。詹金斯从玛雅神话与插图中收集了大量的证据来支持自己的理论。

玛雅前古典时期的伊萨帕（Izapa）遗址或许是长计历的开创地，因为这里许多纪念碑上都记述了玛雅创世神话，即《波波尔乌》（Popol vuh）的内容。《波波尔乌》讲述了玛雅"双胞胎英雄"探入地狱，通过颠覆"七金刚鹦鹉"（Seven Macaw）的统治营救了他们的父亲太阳神（谷神）互乌纳尔普（One Hunahpu）的故事。玛雅文化中的"七金刚鹦鹉"是指北斗七星，岁差使它于公元前 1500 年到公元前 1000 年间偏离了自己的位置（地球旋转的极点）。

一个 26000 盾周期（25627 年）刚好等于 5 个 13 伯克盾周期，而每个伯克盾周期又各有 5200 盾（即 5125 年）。在现今的 13 伯克盾周期的结束日，即 2012 年冬至日，隆冬的太阳将与银河系暗缝对齐，这条暗缝就是玛雅文化中所谓通向地狱的黑色道路——"希巴尔巴比（xibalba be）"。

这被描绘为太阳在鳄鱼或美洲豹蟾蜍（jaguar-toad）的口里获得新生。在玛雅球赛中，如果球穿越目标环，就代表了"与银河系呈直线"。

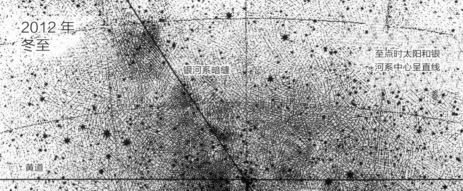

2012 年
冬至

银河系暗缝

至点时太阳和银
河系中心呈直线

黄道

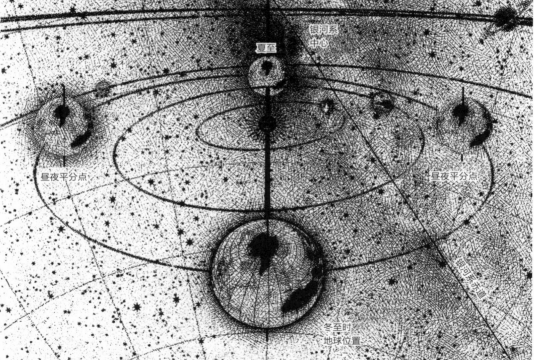

银河系
中心

夏至

昼夜平分点

昼夜平分点

冬至时
地球位置

黑色裂痕位于银河系中心隆起（银河最稠密的部分，是视觉上的中心）上方，由射电望远镜确定的天文中心正在黄道附近，冬至太阳要过 200 多年才会再次靠近此点。冬至太阳从银河赤道上升起需历时 36 年，从 1980 年到 2016 年，中心时刻出现在 1998-1999 年中。

2012 年——世界末日 / 新太阳诞生日
2012—END OF TIME

　　古典玛雅时期的托尔图格罗（Tortuguero）遗址位于墨西哥恰帕斯高地北部的山坡上。自 20 世纪 70 年代以来，学者们就知道 6 号纪念碑（原碑呈丁字形并覆满碑铭）的铭文中提到 13 伯克盾周期的终点是公元 2012 年，这是目前发现的唯一记有周期终点的纪念碑。

　　碑的左"翼"已缺失，中央的部分文字也已被抹掉，记有预言的部分有个大裂缝，因此无法完整地翻译碑文。然而，在 2006 年 4 月，得克萨斯大学的碑铭专家戴夫·斯图亚特（Dave Stuart）却提供了一份全新翻译（见第 049 页图）。

　　在本书中，我们追踪了人类自初以来为理解并绘制天文周期而努力的历史。令人惊讶的是，玛雅人在对月球、行星的定位，以及对将发生在遥远未来的食的预测的准确性方面超过了以往所有的尝试。他们的历法中也处处显示了占卜和预言的力量。当西班牙人到来时，他们预见到了社会的瓦解、失败、瘟疫、饥荒和战争以及卡盾 13 阿华乌祭司统治的终结。

　　当下时钟指向"卡盾 4 阿华乌"，也就是在此时，《契兰巴兰》（Chilam Balam）预言羽蛇神（Kukulcan）归来。"卡盾 4 阿华乌"也是"熟记知识并将其浓缩成编年史的卡盾"。本书也力图准确地描述上述内容，希望能保存玛雅人精妙的历法知识以及其他各种古老的历法，而不仅停留在 2012 年。

左：理想中能显示完整的 2012 年长计历结束日期的石碑。在下方的考古示例中，日期表达采用的是周期末日日期的形式。只标出伯克盾、卓尔金历和哈布历日期。

下：墨西哥托尔图格罗（Tortuguero）遗址发现的 6 号纪念碑。所刻预言是关于 2012 年世界末日的。原文是 "Tzuhtz-(a)j-olmi u(y) uxlajuun pik;(ta)Chan Ajaw ux(-te')Uniiw. Uht-oom? Y-em(al)?? Bolon Yookte'K'uh 伯?"。碑铭专家斯图亚特的翻译是 "13 伯克盾将结束于 4 阿华乌，3 坎金，届时将出现……，九神将降于……"

右（续）：原文中的问号表示已损毁部分的文字。右上方的象形文字清晰可见，是 13 伯克盾，4 阿华乌，3 坎金，即 2012 年的末日。《契兰巴兰》丛书曾提及这里所说的九神（Nine Gods），说他们将在 13 卡盾周期（短计历）结束时返回。翻译家莫德·梅肯森（Maud Makemson）在《提兹明》(Tizimin) 中找到证据证明这则预言最初是指 13 伯克盾周期末的，只是当长计历被废除时才用到了这一较短的周期上（见 56 页附录，《契兰巴兰》丛书）。

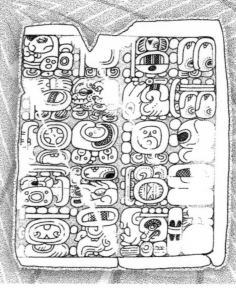

THE
BEAUTY
● F
SCIENCE
科学之美

附 录
APPENDICES

术语表
CLOSSARY OF TALICIZED TERMS

819天周期：玛雅历法术语。将七位地神、九位冥神（夜神）和十三位天神整合到依木星和土星运行轨迹而得出的周期。汤普森算出该周期的起始日是公元前3114年创世日前的第3天。

历法循环：玛雅历法术语。卓尔金历某日与哈布历的某日再次同步所需的时间，这需要哈布历 52 年，或卓尔金历 73 年，即 52 个太阳年减去 13 天。该日人们会举行新火典礼进行庆祝，并记录昴星团在天空的位置。

卡利巴斯周期：由希腊哲学家卡利巴斯（Callipus）于公元前 325 年提出。该周期由 4 个默冬章组成，共有 27759 天，相当于 940 个朔望月，其中大月 30 天，小月 29 天。

抄本：指非常重要的手稿。玛雅抄本由树木内层树皮制成。玛雅人把树皮折成条形，将两面涂满石灰，然后涂绘彩色的象形文字和图画，用以记录。

跨季日：指至点与昼夜平分点之间正中的一天。一般会举行世俗节日。

黄道十度分度：埃及人用 36 颗偕日升的恒星或星群来标记他们 10 天的"星期"，一个月有 3 个这样的星期，共 30 天。同时这些恒星还用来标记夜间的"时辰"（长度因季节而异）。在希腊时期，黄道上的一宫对应 3 个星群。

交点年：见"食年"。

食年：太阳重新回到某个黄白交点所需的时间。不管是日食还是月食，太阳和月亮均须非常靠近此交点。

黄道：由地球轨道的概念推广到恒星上。又特指从地球上看太阳运行的视路径。

庆生日：共 5 天，埃及人在这几天纪念和庆祝以下诸神的生日。冥神奥西里斯（Osiris）、生育女神伊希斯（Isis）、太阳神何露斯（Horus）、死亡女神娜芙提斯（Nephthys）、黑暗之神塞特（Seth）。她们的生日是每年 12 个月（各 30 天）之外的那 5 天。

昼夜平分点：即春分和秋分。指两个至点之间正中的时刻，此时昼夜平分。一般春分在 3 月 21 日左右，秋分在 9 月 22 日左右。奇琴伊察的羽蛇神金字塔是令人称奇的昼夜平分点标识仪。每年春分和秋分时节，照射在羽蛇神塔上的阳光所形成的阴影如同一只巨蟒上下游动。

大年：亦称岁差年、柏拉图年，指分点在黄道上完全推进一周所需的时间。人们对它的长度看法不一：有人认为是 25920 年（柏拉图年），玛雅人认为是 25627 年，现在人们认为是 25772 年。

岁差月：岁差年的 1/12。由黄道上春分时太阳背后的那一宫的名字命名。这样时间好像倒退了（埃及哥普特教会就这么认为），月份和星群看上去是在往回倒行，就像牛变成了牛犊，羊变成了羊羔一样。

格里历：即现行公历，以罗马教皇格里高利 13 世命名，由阿洛伊修斯·利里乌斯（Aloysius Lillius）改革儒略历而得。1582 年，西班牙、葡萄牙和意大利进行历法改革，使用格里历，增加了一条额外的置闰规则，同时日期跳过 10 天。1582 年 10 月 4 日的次日便是 10 月 15 日。儒略历只是每 4 年置一闰，而格里历则作了修改，规定除非能被 400 整除，世纪年（能被 100 整除）不设闰日。1700 年 2 月 18 日，丹麦、挪威以及新教德国采用了格里历，2 月 18 日直接跳到 3 月 1 日。大英帝国（包括美国在内）直到 1752 年才采用格里历，这时已须跳过 11 天了。俄罗斯 1918 年采用了格里历，日期从 1918 年 1 月 31 日直接跳到了 2 月 14 日。

偕日升：指恒星、月亮或行星。当某颗恒星（月亮或行星）在隐藏于地平线之下或淹没在太阳光芒中一段时间之后，首度在拂晓时再次出现在东方地平线上的现象。

置闰：为了与季节或月相同步，置入闰日、闰周或闰月的统称。

儒略历：公元前 46 年由裴力斯·恺撒（Julius Caesar）宣布施行。与格里历一样，一年设 12 个月，大小月交替，各月长度也与格里历相同，平年 365 日，4 年一闰。累积下来，儒略历每 128 年与太阳年相差一天，到公元 1582 年被格里历取代时已与太阳年相差了 10 天。

闰：历法中为了与季节或月相同步而置入的闰日、闰周或闰月。

太阴年：通常指 12 个朔望月周期。

朔望月：相继的两次新月（满月）之间的时间。朔望月平均天数为 29.53059 天。

玛雅的（Mayan） "玛雅" 一词的形容词形式。近年来，玛雅文化专家达成一致，该词除了指玛雅语之外，其他情况提到时均用 "玛雅"（Maya）一词。本书中我们采取的是更为普遍的用法。

默冬章：希腊天文学家默冬发现于公元前 432 年的一种周期。该周期有利于调整阳历与阴历之间的差距。默冬发现 19 个太阳年等于 235 个朔望月，月相以 19 年为周期重复出现在阳历的同一日期。早在公元前 2500 年新石器时代的英国及公元前 1500 年的中国历法中都有关于默冬章的记载。

月交点：太阳轨道与月亮轨道的交点。

尼罗河水位计：测量尼罗河水位的装置，以此确定尼罗河每年泛滥的时间。水位计上刻有伸入水内的刻度，有些还有导水槽。

柏拉图年：见 "大年"。

岁差：即地球的地轴如陀螺轴一样缓慢摇摆的现象。这意味着黄道上昼夜平分点（和至点）太阳背后的星群会缓慢向后移动。

逆行：从地球上看行星有时会相对恒星反方向运行的现象。

沙罗周期：18 年食的周期。在一年 11 天又 8 小时后，在出现过食的地方偏北或偏南处将会发生类似的食，历相差无几。

季：气象学方面的周期（依据天气或温度而定），季的划分通常与太阳年相关。

恒星日：相对于恒星来说的地球的日，一个恒星日是指地球自转 360° 所花的时间，在这段时间里，恒星可在地球的同一位置看到（例如就在头顶看到）。恒星日比太阳日短（一个太阳年有 366.2422 个恒星日）。但是恒星年要比太阳年长 20 分 24 秒，且包含的恒星日也要多一天（有 366.25636042 个恒星日或 365.25636042 太阳年平均日）。

至点：地球自转轴所在的垂直平面穿过太阳的时刻，此时，太阳在升起或落下时会到达地平线上每年都静止不动的一点，从而出现最北和最南的日出和日落。夏至在每年 6 月 21 日左右，冬至在每年 12 月 21 日左右。

天狼星历法：也叫民用历法或天狼星周期。此历法名称由天狼星的希腊名称（Sothis）而来。天狼星历法中没有闰日，所以每年的起始并不固定在某个季节，每 4 年就倒退一天。这样，经过

1461 个含混年（Vague year）或埃及年（365 天）之后，元旦又再次与天狼星偕日升同步起来。也就是，1461 个含混或埃及年等于 1460 个儒略历年（365.25 天）。这个周期就是天狼星周期。

会合年：行星会合年的时间是指从地球上观察相对于太阳再次出现在同一个点所需的时间。通常被看作是行星再次转到太阳背后所需的时间。

回归年：四季构成的一年，就是回归年，亦称太阳年。即太阳再次到达某个至点或分点的时间间隔。根据选择的点不同，周期也稍有不同，对各点的周期取的平均值称为平回归年。

13 日旬：源自西班牙语，阿兹特克语中意为 13 天长的周期或是一周的时间概念。此术语现也用于玛雅卓尔金历中类似的时间周期。不过玛雅人并不这样命名。

含混年：指规定一年有 365 天，无闰日。例如古埃及年和玛雅哈布历年。

金星循环：玛雅历法术语。指卓尔金历某日和哈布历某日与金星相位再次同步所需的时间。即两个历法循环，或哈布历 104 年，或卓尔金历 146 年，或 65 个金星周期（584 天），或 13 个金星五角形周期。

年偏移规则：帕伦克遗址的两个日期铭刻显示 1508 个哈布历年（29 个历法循环）等于 1507 个太阳年（精确到小数点后 4 位）。玛雅人称之为年偏差规则。德累斯顿抄本表明在后古典时期早期，哈布历中的月份会在太阳年中漂移不定。但米尔布拉斯（Milbrath）则认为有证据表明在后古典时期的晚期，通过置闰，玛雅尤卡坦人的节日会锁定在太阳年中的某个时间。而汤普森则认为直到 1553 年（后古典时期结束 30 年后）才这样的。

黄道十二宫：指太阳每年在天球上经过黄道的一个区域或星群。印欧文化所采用的黄道带是古巴比伦人于公元前 1000 年提出的，由十二宫组成，称为黄道十二宫。古代中国的黄道带也有十二宫。有人认为玛雅人曾用过十三宫的黄道带。

其他历法注释
ADDENDA-ADDITIONAL CALENDRICAL

阿兹特克：见第 044 页。阿兹特克太阳石中心的五个神由表示地震或晃动（Ollin）的象形文字环绕，这个象形文字就是一个日符。其中 4 个神又各据一方，围绕着太阳神——托纳提乌（Tonatiuh）。这些图案在 260 天历法中也都是日符。而且它们都伴有 4 个环形纽扣状的图案，这或许表示前 4 个太阳神毁灭的日期——四豹、四风、四雨和四水。这些象形文字也可能表示这些太阳神灭亡时所遇的灾难——人被食［根据玛雅文化专家波瑟斯顿（Brotherston）的说法，这代表了食］、飓风、熔岩喷发以及洪水。虽然中央的主神是太阳神，但是现行纪元可能会在一次地震中终结，而不是太阳神托纳提乌自己的效力使然，因为这 5 个太阳纪元是被地震（Ollin）所环绕。不过，有权威人士认为 "Ollin" 的意思是"太阳之 4 次运行"或是"前 4 个太阳神统治时期"，这个含义将 5 个纪元都涵盖其中了。同时，因为这 4 个象形文字属于不同的"年命名日"组别，所以不可能是 52 年周期历法循环中的"年命名日"。或许需要重新对它们定义。波瑟斯顿将太阳石轮圈上的象形文字解释为 100 个历法循环（5200 年）。难道它们会是玛雅人 5200 盾长计历的隐晦表示吗？

中国历法：见第006页改革后的置闰体系规定，如果从（含冬至的）11月初到次年的11份初之间有13个新月（或12个满月），那么就要在两个满月共占一个黄道宫的第一个月（通常这样的月份仅有一个）之后置一闰月。中国的阴阳合历中每年也分为24个等份，称之为"节气"。这二十四节气是根据太阳在黄道上的经度进行划分的，其命名则依据四季更替和气候变化。例如：有立春、夏至、大暑、白露等。大部分节气之间间隔15天，但有6个节气是16天，一个是14天（共计365 天）。每宫与两个节气相配，有4个宫分跨两季。

埃及历法：见第 012 页。古埃及人使用的是为期 1460 年的天狼星周期。森索瑞斯（Censorius）曾记载埃及新年和天狼星偕日升在公元 139 年偶合，据此，天狼星历法可能始用于公元前 2782 年，但有些历史学家却认为应该再提前 1460 年，也就是说公元前 4242 年埃及人就开始使用天狼星历法［埃及学者 J.H. 布雷斯特德（J.H.Breasted）认为应是公元前 4236 年］。古埃及历法中一年有 36 周，每周 10 天，3 周算 1 个月。白天与夜晚各 12 等份，但每等份的长短会随季节而变化。古埃及人使用日冕、方尖塔影和水钟来计时。根据尼罗河泛滥的规律，古埃及人将一年分为 3 季——洪水季（Inundation）、耕种季（Planting）和收获季（Harvesting），每季 4 个月。后来为了确定宗教节日而引入了阴历。起初，若阴历年的新年早于民用年，则置一闰月，但这个规则被后来的 25 年置闰周期取而代之，25 年置闰周期合计为 309 个朔望月。公元前 238 年，托勒密三世（Ptolemy

Ⅲ）颁布命令，试图置入闰日。不过这一改革当时遭到了祭司的反对。直到公元前 25 年恺撒·奥古斯特（Caesar Augustus）才成功实施置闰。

希伯来历与巴比伦历：希伯来历法是一种非常古老的阴阳合历。每年包括 12 个朔望月，每月 29 天或 30 天，不过 8 月和 9 月的天数却有所不同。为了保证逾越节总在春天，也就是说如果大麦还没有成熟，犹太人就会加一个闰月。公元前 586 年，犹太人被沦为"巴比伦之囚"，他们就采纳了巴比伦的月名和默冬章中的置闰规则。巴比伦的默冬章规定，在第 3、6、8、11、14 和 19 年的阿达加（Addaru，12 月，相当于我们现在的 2 月中旬～3 月中旬）月后置入为期 30 天的闰月，在第 17 年的乌鲁鲁（Ululu，元月，相当于我们现在的 8 月中旬～9 月中旬）后置入为期 29 天的闰月。而犹太人则作如下修改：闰月（Adarl 月）置入于 11 月和 12 月（即舍巴特月和阿达尔月）之间。（以前的 12 月，现在称为 13 月，改称阿达尔Ⅱ月。）巴比伦历法中一年有 12 个月，19 年 7 闰，共 6939 天。而根据犹太人的版本，犹太新年周（Rosh Hashanah，9 月 5 日至 10 月 5 日）头一天所在的日期以及当年的长度，8 月和 9 月的长度有时会有变化。这样，19 年周期天数会在 6939 天和 6942 天之间，每年 353~355 天（或闰年 383~385 天）不等。希伯来历每 224 年会有一天的误差，但巴比伦历法则是每 219 年就有一天的误差。

因纽特人的历法：加拿大北部的因纽特人一年有 4 个半月处于极夜期，期间不见太阳。黎明与黄昏各历时 3 周，白天则长达 6 个月。每个月中月升月落各一次。月亮升起时，月光反射在雪地上，由于同时伴有暴风雪、乌云和北极光等现象，因此，一年中只有两个月可以看到星星。因纽特人使用的是 13 个月的太阴历。极夜后太阳在地平线上升起的那一天便是新年的开始。对于不同的因纽特人部落而言，由于他们所在的纬度不同，这一天会有所不同，不过有一点相同，即他们都是根据牵牛星和天鹰星（Tarazed）的升起来确定的。因纽特人的历法中有 16 个星座，但似乎并没有北极星的地位。

伊斯兰历：亦称哈吉来历（Hijri calendar），伊斯兰历是纯粹的太阴历。历法规定一年有 12 个月，每月 29 天或 30 天，新月初见为当月的第一天。为了和月亮运行保持一致，每 30 年内置闰 11 天——分别在第 2、5、7、10、13、16、18、21、24、26 及 29 年里置闰日。闰年是在第 12 月里加一天，该月就是 30 天，而不是 29 天。伊斯兰历的误差是每 3320 年差一天。因为先知穆罕默德禁止置闰，所以第二任哈里发欧麦尔（Uniar）创立了现代的伊斯兰历法。伊斯兰历元年的第一天是公元 622 年 7 月 16 日。两者之间简单的换算方法是：基督历纪年 = 伊斯兰历纪年（AH，Anno hegirae）×0.97。

扑克牌"历法"：一副扑克牌就是一部历法。4 个花色中，每个花色的数字（1~13）相加正好等于 91：1+2+3+4+5+6+7+8+9+10+1+12+13＝91，91×4＝364 天，加上王恰好是 365 天。

中国西藏历法：藏族使用的是阴阳合历，其一年有 12 个月，见新月始，见新月月结。每 3 年左右置一闰月——即第 13 月。藏族将一年分为二十四节气，根据某月中"中气"（即偶数序节气）的有无来决定是否置闰月。如果某月中无"中气"，该月就是一个闰月。为了计算月份的长度，藏族使用了太阴日（lunar day，运行 12 度所需的时间）；如果两个太阴日的首尾落在同一个太阳日（solar day）里，就要跳过一天；如果两个太阴日的首尾没有落在同一个太阳日历，就要加上一天。藏历中所有的月份都是29天或30天。他们的新年在第一个月（在格里历2月左右）的第一天，称为罗萨节（Losar）。与汉族历法相似的是，藏历年也由十二生肖和五行配合来命名，60年为一周期，称之为"绕回"（Rab-byung）。另有一种称为"时轮历"（Kalachakra）的历法，是阳历。12个月依据太阳经过黄道十二宫（12 sidereal zodiac signs）（从现行西方回归黄道十二宫向前移24°）的时间而定，时轮新年（0°白羊宫）现在是4月12日。自然新年（Elemental New Year）为每年第11个朔望月首个新月所在的那天，一般这个月都是虎月（Tiger month），在格里历12月左右。

月份名称排列表
TABLE OF ORDERED MONTH NAMES

只是命名，太阳历日期未列其中

使用者名称 起始日期 类型 新年 相对于太阳历	中国 公元前 2600 年 阴历 29~30 天 第二个新月 冬至后	埃及 公元前 1800 年 30 天 Thoth 月 1 日 日期不定	巴比伦 公元前 2000 年 阴历 第一个新月 春分后	希伯来 公元前 580 年 阴历 9 月 5 日 10 月 5 日	伊斯兰 公元 622 年 阴历 29 天或 30 天 Muharram 月 1 日 日期不定	儒略历 公元前 46 年 阳历 1 月 1 日 不变
1	首（29/30）	Thoth	尼萨奴（30）	尼散月（30）	Muharram(29/30)	1 月（31）
2	杏（29/30）	Phaophi	阿亚奴（29）	依雅月（29）	Safar(29/30)	2 月（28/29）
3	桃（29/30）	Athyr	西马奴（30）	息汪月（30）	Rabi'al-awwal(29/30)	3 月（31）
4	梅（29/30）	Choak	杜乌朱（29）	塔姆兹月（29）	Rabi'al-thani(29/30)	4 月（30）
5	石榴（29/30）	Tybi	阿布（30）	阿布月（30）	Jumada al-awwal(29/30)	5 月（31）
6	莲（29/30）	Mechir	乌鲁鲁（29）	厄路耳月（29）	Jumada al-thani(29/30)	6 月（30）
7	兰（29/30）	Phamenoth	提什瑞图（30）	提市黎月（30）	Rajab(29/30)	7 月（31）
8	桂花（29/30）	Pharmuthi	阿拉散奴（29）	赫舍汪月（29/30）	Sha'aban(29/30)	8 月（31）
9	菊花（29/30）	Pachon	基斯里穆（30）	基色娄月（30/29）	Ramadan(29/30)	9 月（30）
10	吉（29/30）	Payni	台贝图（29）	太贝特月（29）	Shawwal(29/30)	10 月（31）
11	冬（29/30）	Epiphi	沙巴图（30）	舍巴特月（30）	Dhu al-Qi'dah(29/30)	11 月（30）
12	末（29/30）	Mesore	阿达加（29）	阿达尔（30）	Dhu al-Hijjah(29/30)	12 月（31）
闰月	13 月（29/30）	—	阿达加II（30） 乌鲁鲁II（29）	阿达尔II（29）	—	—

波波尔乌 / 五个纪元
POPOL VUH-THE FIVE ERAS

《波波尔乌》[或称《草席之书》(Book of the Mat)]是危地马拉高地的基切玛雅人记载的一部神话史诗，其中的故事人们起先是通过口述和部分文字记录在民间被广泛流传，后于16世纪在乌大特蓝（Utatlan）被整理成书。《波波尔乌》在某种程度上也受到了西班牙统治者的影响。波瑟斯顿认为本书描述了前4个纪元的情况：第一个纪元是泥人时代（the age of mud people），不过他们很快就融解于水中消失了；

第二个纪元是玩偶人时代（the age of the doll people），最后他们在一次食出现时被怪物吃了；第三个（有人认为就是现在）是"七金刚鹦鹉"时代（the age is of Seven Macaw），后来被"双胞胎英雄"打败而灭亡；第四个是当"双胞胎英雄"升天，通往地狱的希巴尔巴（Xibalba）打开之时世界毁灭的纪元；第五个纪元始于玉米人（Maize people）——基切人被创造之时，也就是指我们现在生活的时代。不过一些翻译家认为《波波尔乌》中只描述了3个或4个纪元。

托尼那（Tonina）遗址和帕伦克遗址的四太阳纪壁画（Murals of the Four Suns）中有4个颠倒的头像和一个俯视状的头骨（代表太阳在4个纪元中重生），还有一个头骨上戴着4缕穗制成的项链，头发下垂。这是阿兹特克太阳石中央部分被描绘的景象，代表了对5个纪元的追忆［库奥提特兰年报（Cuautitlan Annals）中对此有所描述］。

在马丁·派特勒（Martin Prechtel）的描述中，楚图希尔（Tzutujil）玛雅人的创世神话中的5个纪元分别是火、植物、水、风和地震，这与阿兹特克人的创世神话极为相似——水/洪水、风、火/火雨、灾荒/被豹吞食/蚀、地震。楚图尔希尔人不像阿兹特克人那样重点描述世界毁灭，相反，他们主要描绘了在不断重生过程中灵魂得到进化的情景。在楚图尔希尔人的记载中，现在的世界也叫作"地球水果世界"（Earth Fruit World），这时人类充分地发挥自己的潜力。

阿兹特克人记载了每个纪元不同的时间长度。在一本名为"太阳传说"（Leyenda del Sols）的原始资料中记载了每个纪元长度不一，不过都是52年历法循环的倍数。但5个为期5200盾的玛雅13伯克盾周期之和等于26000盾，也就是岁差，这其中意义非凡。

玛雅历法起源
ORIGINS OF THE MAYAN CALENDAR

根据一些玛雅学者的研究，自从最早的玛雅象形文字在阿尔班山遗址被发现（创制于公元前700~前500年间）以后，玛雅人使用的历法体系和书写方式，被墨西哥中部奥萨卡州附近的萨巴特克人（Zapotecs）于公元前600年左右先采用。不过学术界对此看法不尽相同。有学者认为，卓尔金历也许在此之前在其他地方就已被创立，马斯特（Malmstrom）就认为是居住在伊萨帕的奥尔梅克人于公元前1359年创立了卓尔金历，于公元前1376年和公元前236年分别制定了哈布历和长计历。然而，也有一些学者说卓尔金历的制定时间比哈布历早。据朱斯特森（Justeson）的观点，早在公元前900~前700年间，奥尔梅克人就记载了与历法有关的内容。

关于长计历，一些学者认为其创立时间是公元前550年，也有一些研究者认为是在公元前355年左右。不过因为有记载的最早长计历日期是由居住在恰帕·德·科尔左（Chiapa de Corzo）的奥尔梅克后裔所记，是7.16.3.2.13，即公元前36年12月6日，所以更多玛雅文化专家的观点是，在公元前1世纪或稍早一点长计历才被制定。发现的最早玛雅日期是公元292年——刻于提卡尔（Tikal）的29号石碑。

布里克（Bricker）认为哈布历开始使用的时间是公元前550年左右的一个冬至。爱德蒙森（Edmonson）说有资料证明历法循环于公元前667年已在奥尔梅克人中得以应用。不同的资料显示，奥尔梅克文明始于公元前1800~前1200年之间，从公元前1500年起或公元前800~前500年间（不同的资料来源显示不同）他们居住在伊萨帕。而伊萨帕所在的纬度导致太阳天顶经过周期介于260天到105天之间，这就表明伊萨帕极有可能是卓尔金历的创始地。

不可思议的日期
a. SOME INCREDIBLE DATES
b.

一些石碑上记录着关于超长时间的计算结果。其中计算单位有：皮克盾（a.）（为20伯克盾或8000盾）；卡拉伯盾（b.）（为20皮克盾或160000盾）；金契尔盾（为20卡拉伯盾或320000盾）；阿劳盾（为20金契尔盾或64000000盾）。由于碑文篆刻时偶尔出现的错误使得解读的工作难度加大。不过汤普森却一直在设法完成这项工作。大部分用长计历计算的日期都是长距离日期，例如刻在提卡尔10号碑上的日期是：9.8.9.13.0 8阿华乌13 泡普，（对应到格里历是公元603年3月24日），加上距离日期10.11.10.5.8，假定皮克盾的系数是1，最后产生的日期是1.0.0.0.8 5拉马特1莫勒，即公元4772年10月21日。

更令人惊讶的是基里瓜遗址的 6 号碑（又叫 F 碑）。此碑上记载的长计历日期是9.16.10.0.0 1阿华乌 3 希普（即格里历公元 761 年 3 月 15日）。减去长距日期 1.8.13.0.9.16.10.0.0 后的日期是（18.）13.0.0.0.0.0.0.0.0 1 阿华乌 13

亚克金，相当于 9000 万年前某天的日期。然而，在基里瓜遗址的另外一块石碑 4 号碑（又叫 D 碑）上有一个日期是 9.16.15.0.0 7 阿华乌18 泡普（格里历公元 766 年 2 月 17 日），加上 6.8.13.0.9.16.15.0.0，结果日期为（13.）13.0.0.0.0.0.0，是距离石碑树立之日 4 亿年前的一天。通过这种计算方法，汤普森得出玛雅的创世日期是公元前 3114 年——13.0.0.0.0 的扩展日期形式实际上是 0.1.13.0.0.0.0.0.0。

在雅克奇兰（Yaxchilan）遗址的一个庙里，楼梯上刻着一串令人费解的数字，这串数字包含了阿劳盾之上4级时间单位：13.13.13.13.13.13.13.9.15.13.6.9 3木卢克17马克。这个日期相当于公元744年10月19日。不过正如我们所见，更长的周期并不符合汤普森的算法。科巴（Coba）遗址中的1号碑也是这样，上面有一列24个周期的数字，其中只有9个周期是计算宇宙日期所需的。

周期末日
c. PERIOD-ENDING DATES
d.

使用完整的长计历进行年代记录的方法在古典期晚期逐渐被简略的周期末日（如：c.和d."13伯克盾末日"）所取代。这种简化的体系只记录伯克盾（后来仅记录卡盾）和历法日期，也就是说，用伯克盾（或卡盾）加上相应的卓尔金历天数和哈布历天数来推算。将日期记载所需的象形文字由 10 个减少到3个，但仍然可以表示374400年（或19000年）这样大时间窗口里的某个日期。在后古典晚期，日期表示系统进一步简化。卡盾不再像在长计历中那样用数字表达——1伯克盾的1/20——而是用该卡盾结束日所在的卓尔金历日期的名字。卡盾结束的日期仅有可能是卓尔金历中的13天——都是阿华乌。这

样，每过13卡盾（256.27 个太阳年）周期将重复出现。涉及更长时间的日期只有用完整的卡盾计数法才能标记。

由于这个周期是 13 卡盾（260 盾）而不是长计历的 13 伯克盾（260 卡盾），所以玛雅研究专家称它为短计历（Short Count）。一些玛雅专家认为短计历是从卡盾 8 阿华乌开始到卡盾10 阿华乌结束，因为在丛书《马尼》（Mani）中有很多预言都预示了这些卡盾的起始日和结束日。另有一些专家提出，正如焚书狂兰达主教（Bishop Landa）所著的1566 图表中暗指的那样，短计历开始于卡盾 11 阿华乌，结束于卡盾 13 阿华乌。

三界与 819 天周期
THREE REAMS&THE 819 DAY CYCLE

玛雅人概念中的宇宙由三界组成：一个是眼前的尘世，另两个隐而不见，分别是天界与冥界希巴尔巴（Xibalba）。通往希巴尔巴这个死亡之域的道路叫"希巴尔比"，位于银河系的黑色裂痕中（因为在夜间冥界在尘世之上旋转）。玛雅人认为冥界的入口就是一个个的洞穴。玛雅人眼中的天界由13层构成，每一层都有一位天神（Oxlahuntiku）掌管。这13位天神既是一个集合体，各自又是单独的个体。表示他们名字的象形文字可能与13个头像数字的象形文字一致。据说冥界九神曾打败过十三天神。玛雅人也认为掌管冥界九层的神既是一体又各自独立，他们的名字以及他们在玛雅体系中的影响目前尚不清楚（阿兹特克人版本中有记载，不过说法似乎并不符合玛雅字形）。

《契兰巴兰》丛书

THE BOOKS OF CHILAM BALAM

《契兰巴兰》丛书［另译《美洲豹祭司之书》（Books of the Jaguar Priest）］是根据尤卡坦萨满教预言家的名字命名。这是一套最早关于预言、神话和宗教仪式的书籍，可追溯到 1593 年。由于西班牙人征服期间曾教过玛雅人如何用罗马字母书写玛雅语，所以此书虽用玛雅语写成，使用的却是欧洲字母。西班牙人离开后，尤卡坦半岛上几个城镇出现过几种不同的版本。其中最为著名的几本都是根据发现地的城镇名命名的。它们是《马尼》《提兹明》《楚马耶儿》（Chumayel）和《贝瑞抄本》（Codex Perez）。《贝瑞抄本》是几个遗失版本剩余部分的汇编本（请不要与《巴黎抄本》相混淆，因为《巴黎抄本》最初也叫《贝瑞抄本》）。

《契兰巴兰》中最重要的部分是"卡盾的计数"——13 卡盾序列及所附的预言（这些预言在随后周期中以相同名字在卡盾末期反复出现）。卡盾周期的结束与哈布历年末、食现象、金星升起一样，都会使玛雅人感到恐惧（在哈布历年末的 5 天凶日里，人们会因害怕而躲起来）。

《提兹明》于 1752 年整理成册。虽然《楚马耶儿》是在玛雅人完全皈依基督教后写的，可《提兹明》却是在那之前写的。《提兹明》记载了在西班牙入侵以前伊察的最高统治者取代了祭司的角色，但他们却没有掌握祭司应有的知识，对玛雅历法也一无所知，甚至不知道如何称呼诸神。胡安·比奥·贝瑞先生（Don Juan Pio Perez）整理了《契兰巴兰》丛书中的"马尼"本并将其翻译成西班牙语，该翻译版本于 1843 年出版发行，不过他承认省略了与他信仰的基督教冲突的部分内容。

《契兰巴兰》丛书中关于历法的内容因混入了西班牙语内容而显得杂乱不堪，书中甚至有 24 年的卡盾周期。不过在研究玛雅人宗教仪式和信仰方面，这套书仍是不错的参考书，比如，书中有关于 65 天火炉周期（burner cycle）的记载。

在《提兹明》第 16 页我们可以找到证据，证明预言最初指的是长计历："在 13 卡盾 4 阿华乌结束的日子里，地球上的河流会干涸。因为在这卡盾时期，没有祭司，没有人会迷信政府……我向你叙述的，是真神来临时将说的。"

有趣的是，短计历并非结束于 4 阿华乌。实际 4 阿华乌正是长计历中 13 卡盾周期结束的日期，即 2012 年 12 月 21 日。

玛雅历与格里历之间的换算
CONVERTING MAYAN DATES TO GREGORIAN

为了将格里历的某一天换算为玛雅日期，我们需要一个参照日。这就是对应于玛雅创世日的儒略历日期，这一天在公元前 3114 年里，玛雅人记作 13.0.0.0 4 阿华乌 8 古卡，或是 0.0.0.0。儒略历日期开始于该历的公元前 4713 年 1 月 1 日，该日为儒略历 0 日。如果用我们今天使用的格里历推算，那么这天应该是公元前 4714 年 11 月 24 日。

20 世纪，为了使玛雅日能够换算成格里历日期，学者们提出了不同的玛雅创世日的儒略日对应日。其中有威尔逊（Wilson）对应日——0.0.0.0.0 等于 438906 儒略日（即格里历公元前 3512 年 7 月 31 日），也有威提泽尔（Weitzel）对应日——0.0.0.00 等于 774078 儒略日（即格里历公元前 2594 年 4 月 3 日），其数值差异极大。推得最理想的对应日应该能得到雕刻在石柱和建筑物上日期的支持，也要参照月亮和金星信息、后古典期抄本（如德累斯顿抄本）记载的日期、兰达主教记载的日期、柯尔特兹（Cortez）抵达前的阿兹特克日期、《契兰巴兰》和西班牙征服后出版的其他书籍以及危地马拉高地至今仍在使用的完整卓尔金历。

实际上根本没有一个对应日能够符合上述所有条件，但有些对应日比其他的吻合度更高。现在玛雅专家普遍认为最好的是 "Goodman, Martinez-Hernandez, Thompson" 换算（简称 "GMT" 换算）。在儒略历对应的最为可能的 3 个开始日期中，其一是 584283 日，其次是 584285 日，分别对应于格里历中公元前 3114 年 8 月 11 日和 8 月 13 日——仅有两天的差值。584283 儒略日换算最初由约瑟夫·古德曼（Joseph Goodman）于 1897 年提出，到 1926 年被胡安·马丁尼·赫南德兹（Juan Martinez Hernandez）证实后逐渐被人们接受。在 1927 年，埃里克·汤普森（Eric Thompson）应用阴历和金星的相关资料对这个儒略日做了调整——得到 584285 儒略日换算，

这一调整得到后来弗洛伊德·隆斯堡（Floyd Lounsbury）的证实，弗洛伊德·隆斯堡依据德累斯顿抄本中记载的天文现象证明了这个对应日的准确性。不过，汤普森于 1950 年重新审查了古德曼对应日，他将古德曼的换算与所有新的发现结合起来，最终采用了 584283 儒略日换算。与隆斯堡（Lounsbury）对应日（584285 儒略日）不同的是，584283 儒略日换算与居住在危地马拉高地上的基切玛雅人现在依旧使用的卓尔金历相一致，也结束于冬至那天。

有较早资料认为 13 伯克盾周期的起始年是公元前 3113 年，这是根据玛雅历中没有 0 年的事实计算的，因为公元前 1 年的次年直接就是公元 1 年。不过最近为了计算方便，更容易处理公元前后的界限问题，就引入了 0 年。因此现在起始年是在公元前 3114 年。

要将碑文中的玛雅日期转换成格里历日期，估计的误差能控制在10年之内，方法如下。9伯克盾周期完成于（9.0.0.0.0）公元435年（格里历12月9日），也就是在始于这一伯克盾，大部分碑文得以刻成。下面是个换算的例子：基里瓜遗址的 D 碑（4号碑）上的长计历日期是9.16.10.0.1阿乌3希普。我们做如下估算，在435年之上，加上16卡盾，每个约20年，再加上10盾，每盾约1年，这样我们得出的年份是435+320+10≈公元765年。而实际上对应于格里历公元761年3月15日。

为了得到更精确的换算，必须先计算第9伯克盾之前或之后分别有多少天。在上面这个例子中，16 卡盾（16×7200）+10 盾（3600）=118800 天。用 118800 除以 365.2425 得到 325.263352 年，再将小数点后的数字乘以 365 得到天数：365×0.263352 年 =96 天。然后在公元 425 年 12 月 9 日上加上 325 年又 96 天，得出结果——公元 761 年 3 月 15 日（当然要先将该年除以 4 以判断是否为闰年）。

计算你的生日对应的玛雅历
CAICULATING YOUR MAYAN DAY-SIGN

①在左下方中找到你出生年份对应的数字，如果你出生在闰年，且生日在2月29日以后，则在此数上加1。②根据生日所在的月份，加上对应的数字：1月—0，2月—31，3月—59，4月—90，5月—120，6月—151，7月—181，8月—212，9月—243，10月—13，11月—44，12月—74。③加上生日的日期。④如果所得的数字大于260，就减去260。⑤根据最后得数，在右下方的表格中找到相应位置。例如：1964年3月5日。212+1+59+5-260=17=4卡班。

日符所象征的品质：伊米希（Imix，亦作Imox）：鳄鱼（荷花）；+友好的、活泼的；—偷偷摸摸的、疯疯狂狂的。**伊克**（IK，亦作Iq）：风（风）；+爱幻想的、自信的；—愤怒的、不诚实的。**阿克巴尔**（Akbal，亦作Aqbal）：房子（漆黑/破晓）；+机智的、真诚的；—好抱怨的。**坎**（Kan，亦作Kat）：蜥蜴（网）；+领导者，有条理的；—令人厌烦的。**契克山**（Chichan，亦作Kan）：毒蛇（蛇）；+诚实的、有辨识能力的—易变的、妒忌的。**克伊米**（Cimi，亦作Keme）：死亡；+善良的、有政见的；—物欲的，杀人魔。**马尼克**（Manik，亦作Kei）：鹿（手）；+强壮的、领导者；—多管闲事的、专横的。**拉马特**（Lamat，亦作 Qani）：兔子（兔子、金星）；+天才，胆大的—爱嚼舌的，酗酒的。**木卢克**（Muluc，亦作Toj）：水（翡翠、雨）；+独立的、坚韧的；—多病的，暴君。**沃克**（Oc，亦作Tzi）：狗（狗）；+勇敢的、坚韧的；—嫉妒的、好发表意见的。**契乌恩**（Chuen，亦作 batz）：猴子（猴子、线球）；+睿智的、有创造力的；—不随和的、不洁的。**埃本**（Eb，亦作E）：草（牙齿、道路）；+慷慨的、不墨守成规的；—懒惰的、懒散的。**本**（Ben，亦作Ai）：芦苇（谷物、藤条）；+敏锐的、热情的；—武断的、贪吃的。**伊希**（k）：豹（美洲豹、大地）；+有天赋的、精力旺盛的；—冷漠的、悲伤的。**门**（Men，亦作Tzikin）：鹰（鸟、鹰）；+聪明的、善辩的；—胆怯的、悲观的。**克伊伯**（Gib，亦作Ajmak）：秃鹰（腊）；+聪颖的、勇敢的；—不负责任的、小偷。**卡班**（Caban，亦作Noj）：地震（地震、思想）；+敏锐的、善分析的；—专横的、狡猾的。**伊兹那伯**（Etznab，亦作Tijax）：刀（黑曜岩石片）；+积极的、聪明的；—健忘的、好诽谤的。**卡乌克**（Cauac，亦作Kawog）：雨（雷、暴风雨）；+活泼的、独立的；—顽固的、妄想的。**阿华乌**（Ahau，亦作Ajpu）：花（神、太阳）；+勇敢的、浪漫的；—冲动的、报复心重的。

1910 249	1957 256	2004* 2	
1911 94	1958 101	2005 108	
1912* 199	1959 206	2006 213	
1913 45	1960* 51	2007 58	
1914 150	1961 157	2008* 163	
1915 255	1962 2	2009 9	
1916* 100	1963 107	2010 114	
1917 206	1964* 212	2011 219	
1918 51	1965 58	2012* 64	
1919 156	1966 163	2013 170	
1920* 1	1967 8	2014 15	
1921 107	1968* 113	2015 120	
1922 212	1969 219	2016* 226	
1923 57	1970 64	2017 71	
1924* 162	1971 169	2018 176	
1925 8	1972* 14	2019 21	
1926 113	1973 120	2020* 126	
1927 218	1974 225	2021 232	
1928* 63	1975 70	2022 77	
1929 169	1976* 175	2023 182	
1930 14	1977 21	2024* 28	
1931 119	1978 126	2025 133	
1932* 224	1979 231	2026* 238	
1933 70	1980* 76	2027 83	
1934 175	1981 182	2028* 188	
1935 20	1982 27	2029 34	
1936* 125	1983 132	2030 139	
1937 231	1984* 237	2031 244	
1938* 76	1985 83	2032* 89	
1939 181	1986 188	2033 195	
1940* 26	1987 33	2034 40	
1941 132	1988* 138	2035 145	
1942 237	1989 244	2036* 250	
1943 82	1990 89	2037 96	
1944* 187	1991 194	2038 201	
1945 33	1992* 39	2039 46	
1946 138	1993 145	2040* 151	
1947 243	1994 250	2041 257	
1948* 88	1995 95	2042 102	
1949 194	1996* 200	2043 207	
1950 39	1997 46	2044* 52	
1951 144	1998 151	2045 158	
1952* 249	1999 256	2046 3	
1953 95	2000* 101	2047* 108	
1954 200	2001 207	2048* 53	
1955 45	2002 52	2049 59	
1956* 150	2003 157	2050 164